U0936225

# 编委会名单


主　　编：蒋康明　李伟坚　吴赞红

副 主 编：曾　瑛　赖　群　范继新　汪　莹

编　　委：郭苑灵　何　杰　黄　平　李爱东<br>李　杰　刘新展　余子勇　刘友好<br>廖兵兵　张　俊　郑全朝　陈淑伟

主编单位：广东电网公司电力调度控制中心<br>广东益泰达科技发展有限公司

# 光传输设备安装测试实训教程

GUANGCHUANSHU SHEBEI ANZHUANG CESHI SHIXUN JIAOCHENG

主编◎蒋康明　李伟坚　吴赞红

暨南大學出版社
JINAN UNIVERSITY PRESS

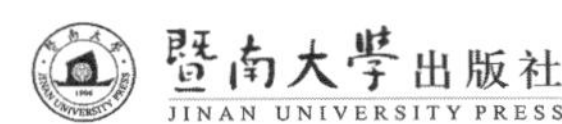

中国·广州

**图书在版编目（CIP）数据**

光传输设备安装测试实训教程/蒋康明，李伟坚，吴赞红主编．—广州：暨南大学出版社，2014.8

ISBN 978-7-5668-0800-4

Ⅰ.①光… Ⅱ.①蒋… ②李… ③吴… Ⅲ.①光传输设备—教材 Ⅳ.①TN818

中国版本图书馆 CIP 数据核字(2013)第 237737 号

出版发行：暨南大学出版社

---

**地　址**：中国广州暨南大学
**电　话**：总编室（8620）85221601
营销部（8620）85225284　85228291　85228292（邮购）
**传　真**：（8620）85221583（办公室）　85223774（营销部）
**邮　编**：510630
**网　址**：http://www.jnupress.com　http://press.jnu.edu.cn

---

**排　版**：广州市天河星辰文化发展部照排中心
**印　刷**：佛山市浩文彩色印刷有限公司

---

**开　本**：787mm×960mm　1/16
**印　张**：12
**字　数**：139 千
**版　次**：2014 年 8 月第 1 版
**印　次**：2014 年 8 月第 1 次

---

**定　价**：28.00 元

---

# 前　言

随着电网建设的不断深入，作为电力系统基础支撑的电力通信得到了蓬勃发展。其中，光纤通信以其大带宽、大容量、高速率等优点在电力系统中得到了广泛的应用，成为电力通信的主要手段，为电力通信的快速发展和网络技术的普及应用提供了基础保证。因此，正确、科学、规范地安装、测试和使用传输设备，对电力通信网安全可靠地运行有着举足轻重的意义。

目前，市面上介绍光传输设备安装测试及故障分析处理的书籍往往偏重于基础理论知识铺排，且以纯文字描述为主，缺乏系统、完整的光传输设备的实操过程，实用性较差。特别是对于现场运行人员来说，这些书籍有用信息的获取量小且范围分散，原理较为深奥难解，学习效果不佳，难以满足光传输设备运维人员快速上手的学习要求。

针对以上问题，我们突破传统，编写了《光传输设备安装测试实训教程》。本书以广东电网通信施工作业中常见的光传输网络技术及设备为主要介绍对象，并与其他光传输网络技术和设备作比较，在系统地介绍光传输网络技术和设备的基础概念及技术规范的基础上，结合大量的工程实践经验和现场施工素材，全面地介绍了光传输设备的施工前准备、设备安装、设备单机测试、系统测试、故障分析及处理等内容，并总结了其中重要的施工要素与注意事项。

本书理论结合实例，在必要的基础原理介绍上，辅以大量的现场操作和作业图片，图文并茂，形象生动，可读性强；内容覆盖光传输设备的到货、检查、安装、配置、调试、测试、故障分析处理的全过程，并对其中的关键技术进行了重点介绍和差异分析，具有较好的系统性。本书是一本具有鲜明电网特色的实操培训教程，志在让有现场操作需求的学员及电力通信运维人员能更容易地理解光传输设备实操的相关知识和技术要求，并针对自身需求，迅速获取所需知识，从而掌握光传输设备施工作业的相关技能。

蒋康明

2014 年 2 月 6 日

# 目　录

# 1　光传输技术发展及应用需求

## 1.1　光纤通信发展简史

伴随社会的进步与发展，以及人们日益增长的物质与文化需求，通信向大容量、长距离的方向发展已经是必然的趋势。由于光波具有极大的频率（大约 3 亿兆赫兹），也就是说具有极大的带宽，从而可以容纳巨大的通信信息，所以用光波作为载体来进行通信，一直是人们几百年来追求的目标。

### 1.1.1　光纤通信的里程碑

在 20 世纪 60 年代中期以前，人们虽然苦心研究过光圈波导、气体透镜波导、空心金属波导管等，想用它们作为传送光波的媒体以实现通信，但终因它们要么衰耗过大要么造价昂贵而无法实用化。历经几百年，人们始终没有找到传输光波的理想传送媒体。

1966 年 7 月，英籍华裔学者高锟博士（K. C. Kao）在 *PIEE* 杂志上发表了一篇十分著名的文章——《用于光频的光纤表面波导》，该文从理论上分析证明了用光纤作为传输媒体以实现光通信的可能性，并设计了通信用光纤的波导结（即阶跃光纤）。更重要的是，它科学地预言了制造通信用的超低耗光纤的可能性，即加强原材料提纯，加入适当的掺杂剂，可以把光纤的衰耗系数降低到20dB/km以下。而当时世界上只能制造用于工业、医学方面的光纤，其衰耗在1 000dB/km以上。对于制造衰耗系数在20dB/km以下的光纤，被认为是可望而不可即的。后来的事实发展有力地证明了高锟博士文章的理论性及其科学大胆预言的正确性，因此该文被誉为光纤通信的里程碑。

### 1.1.2　导火索

1970年，美国康宁玻璃公司根据高锟文章的设想，用改进型化学相沉积法（MCVD法）制造出当时世界上第一根超低耗光纤，成为光纤通信爆炸性竞相发展的导火索。

虽然当时康宁玻璃公司制造出的光纤只有几米长，衰耗系数约20dB/km，而且几个小时之后便损坏了，逗号但它毕竟证明了用当时的科学技术与工艺方法去制造通信用的超低耗光纤是完全有可能的，也就是说找到了实现低衰耗传输光波的理想传输媒体，这是光通信研究的重大实质性突破。

### 1.1.3　爆炸性发展

自1970年以后，世界许多发达国家对光纤通信的研究倾注了大量的人力与物力，其来势之汹、规模之大、速度之快远远超出了人们的意料，从而使光纤通信技术得到了极其惊人的发展。

从光纤的衰耗系数来看：

1970年：20dB/km

1972年：4dB/km

1974 年：1. 1dB/km

1976 年：0. 5dB/km

1979 年：0. 2dB/km

1990 年：0. 14dB/km

1990 年时已经接近石英光纤的理论衰耗极限值 0. 1dB/km。

从光器件来看：1970 年，美国贝尔实验室研制出世界上第一只在室温下连续波工作的砷化镓铝半导体激光器，为光纤通信找到了合适的光源器件。后来逐渐发展到性能更好、寿命达几万小时的异质结条形激光器和现在的分布反馈式单纵模激光器（DFB）以及多量子阱激光器（MQW）。光接收器件也从简单的硅光二极管（PIN）发展到量子效率达 90% 的Ⅲ－Ⅴ族雪崩光电二极管（APD）。

从光纤通信系统来看：正是光纤制造技术和光电器件制造技术的飞速发展，以及超大规模集成电路技术和微处理机技术的发展，带动了光纤通信系统从小容量到大容量、从短距离到长距离、从低水平到高水平、从旧体制（PDH）到新体制（SDH）的迅猛发展。

1976 年，美国在亚特兰大开通了世界上第一个实用化的光纤通信系统，传输速率为 45Mb/s，中继距离为 10 km。

1980 年，多模光纤通信系统商用化（140Mb/s），并着手单模光纤通信系统的现场试验工作。

1990 年，单模光纤通信系统进入商用化阶段（565Mb/s），并着手进行零色散移位光纤和波分复用及相干光通信的现场试验，而且陆续制定数字同步体系（SDH）的技术标准。

1993 年，622Mb/s 以下的 SDH 产品开始商用化。

1995 年，2.5Gb/s 的 SDH 产品进入商用化阶段。

1996 年，10Gb/s 的 SDH 产品进入商用化阶段。

1997 年，采用了波分复用技术（WDM）的 20Gb/s 和 40Gb/s 的 SDH 产品试验取得重大突破。

此外，在光孤子通信、超长波长通信和相干光通信方面也正在取得巨大的进展。总之，从 1970 年到现在虽然只有短短四十多年的时间，但光纤通信技术取得了极其惊人的发展。用带大极大的光波作为传送信息的载体以实现通信，几百年来人们梦寐以求的这一幻想在今天已成为活生生的现实。然而就目前的光纤通信而言，其实际应用仅是其潜在能力的 2% 左右，尚有巨大的潜力等待人们去开发和利用。因此，光纤通信技术并未停滞不前，而是向着更高水平、更高阶段的方向发展。

## 1.2 光纤通信的优越性

光纤通信之所以受到人们的极大重视，这是因为和其他通信手段相比，它具有无与伦比的优越性。

### 1.2.1 通信容量大

从理论上讲，一根仅有头发丝粗细的光纤可以同时传输 1 000 亿个话路。虽然目前远远未达到如此大的传输容量，但用一根光纤同时传输 24 万个话路的试验已经取得成功，它的传输容量比传统的明线、同轴电缆、微波等要大几十倍乃至上千倍。一根光纤的传输容量如此巨大，而一根光缆可以包括几十根甚至上千根光纤，如果再加上波分复用技术，把一根光纤当作几根甚

至几十根光纤来使用，其通信容量之大就更加惊人了。

### 1.2.2 中继距离长

由于光纤具有极低的衰耗系数（目前商用化石英光纤已达0.19dB/km以下），若配以适当的光发送与光接收设备，可使其中继距离达数百公里，这是传统的电缆、微波等根本无法比拟的。因此，光纤通信特别适用于长途一、二级干线通信。据报道，用一根光纤同时传输24万个话路、100千米无中继的试验已经取得成功。此外，正在进行的光孤子通信试验，已达到传输120万个话路、6 000千米无中继的水平。因此，在不久的将来，实现全球无中继的光纤通信是完全有可能的。

### 1.2.3 保密性能好

光波在光纤传输时只在其芯区进行，基本上没有光“泄露”出去，因此其保密性能极好。

### 1.2.4 适应能力强

光波在光纤中传输时不怕外界强电磁场的干扰，耐腐蚀，可挠性强（弯曲半径大于25厘米时，其性能不受影响）等。

### 1.2.5 体积小、重量轻、便于施工维护

光缆的敷设方式方便灵活，既可以直埋、管道敷设，又可以在水底敷设和架空。

### 1.2.6 原材料来源丰富，潜在价格低廉

制造石英光纤最基本的原材料是二氧化硅，即砂子，而砂子

在自然界中几乎是取之不尽、用之不竭的，因此其潜在价格十分低廉。

## 1.3 光传输的概念介绍

光波属于电磁波范畴，其中，紫外线、可见光、红外线都属于光波。光传输是以光波为载波，以光导纤维为传输介质的信息传输过程或方式。光传输与电传输的主要区别如下：

（1）以高频率光波作为载波传输信号。

（2）用光缆作为传输介质。

### 1.3.1 光传输的基本概念

#### 1.3.1.1 光纤及其分类

光纤的基本结构是纤芯和包层所构成的同心圆柱体。

光纤是一种介质波导，具有把光封闭在其中并沿轴向传播的波导结构，纤芯和包层的折射率不同，如图 1－1 所示：

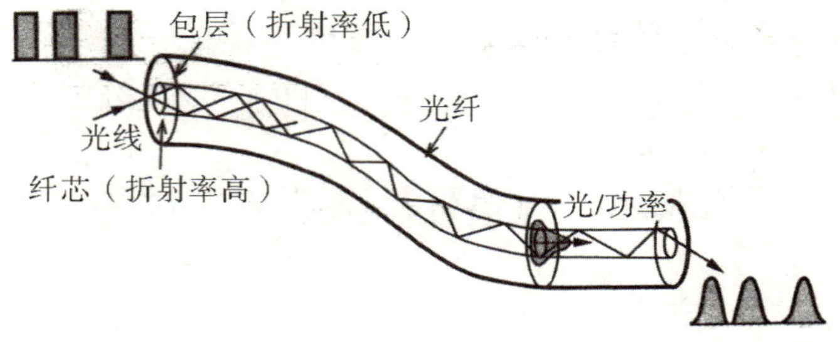


**图 1－1　光纤基本结构**

（1）按传导模式数量来分类，可分为单模光纤和多模光纤。

（2）按折射率分布不同来分类，可分为阶跃光纤和渐变

光纤。

（3）按套塑层的不同来分类，可分为紧套光纤和松套光纤。

#### 1.3.1.2 光纤的传输特性

1. 损耗

光波在光纤中传输时，随着传输距离的增加，其功率会不断下降，光纤对光波产生的衰减作用称为损耗。用衰减系数（损耗系数）来衡量，主要有吸收损耗和散射损耗等。

2. 色散

光纤所传输的信号是由不同的频率成分和不同的模式成分携带的，传输速度也不同，因而可能导致信号畸变。色散将使光脉冲产生时间上的展宽，严重时会导致光脉冲前后相互重叠，造成码间干扰，增加误码率，影响传输容量，并限制光传输系统的中继距离。常以色散系数、最大时延差和光纤带宽等不同方法来表征，如图 1－2 所示：

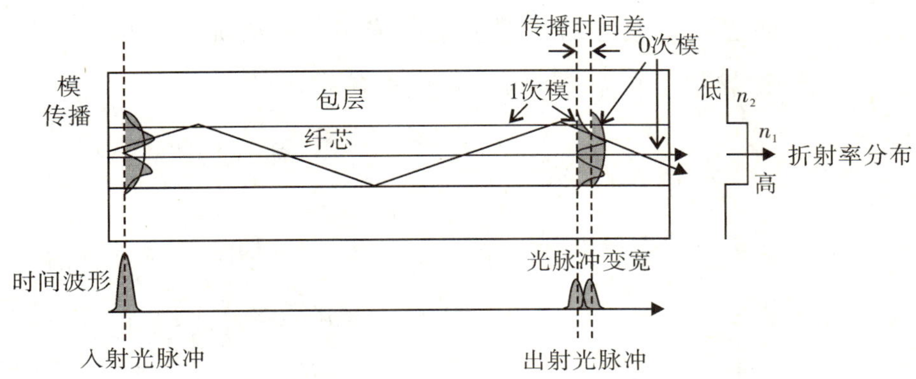


图 1－2 光纤色散图

3. 非线性效应

在高强度电磁场中，任何电介质对光的响应都会变成非线性；而在光传输中，激光器输出的高功率将导致光纤的非线性效应。

#### 1.3.1.3 光传输的波长

（1）光传输在近红外区进行系统工作，波长为 0.8 ~1.71μm，相应的频率段为 176 ~375 THz 。

（2）短波长波段：0.8 ~1.0 μm，实用工作波长为 0.85 μm。

（3）长波长波段：1.0 ~ 1.8 μm，实用工作波长为 1.31 μm 和 1.55 μm

#### 1.3.1.4 光传输中的线路码型

（1）mBnB 码（又称分组码）：使变换后的码流产生多余的比特，用来传送与误码检测相关的信息。

（2）插入比特码：把输入的信息码流按 m 比特分为一组，再在每组的 m 位之后插入一个比特，组成线路码。

（3）加扰码：把已知二进制序列按一定方法加入到信息码流中，在接收端用同样的方法再恢复出原信息码流。

### 1.3.2 光传输系统

光传输系统包括：信源端的光发送机（光调制设备）、信宿端的光接收机（光解调设备）和进行连接的光纤介质。若进行远距离传输，在线路中间还需插入中继器。数字光传输系统一般由 PCM 终端设备、数字复用设备、光端机（双向）、光纤和光中继设备（双向）以及电端机、备用系统和辅助系统等组成。

#### 1.3.2.1　光传输原理

1. 光传输过程

光传输系统可归结为“电—光—电”的简单模型。它所传输的信号必须先变成电信号，才能转换成在光纤内传输的光信号，再将光信号变成电信号。在整个过程中，光纤部分只起到传输作用，而信号的生成和处理则仍由电系统来完成。光传输过程如图1－3所示：

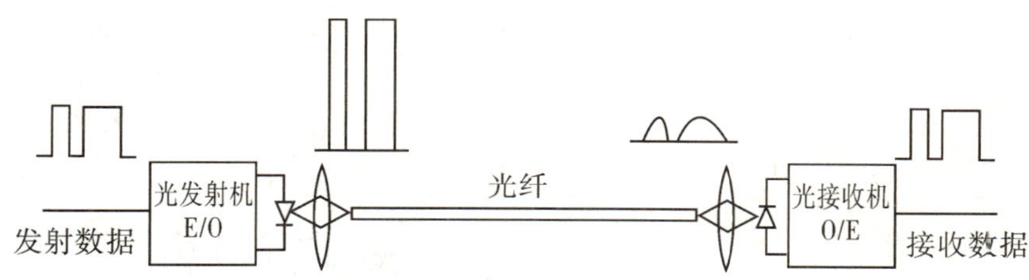


图1－3　光传输过程

2. 光调制

（1）直接调制方法。

目前，光传输系统普遍采用的是“数字编码—强度调制—直接检测”（IM/DD）方法。强度调制是直接用电信号去调制光的强度，使之随电信号变化；而直接检测是指直接由接收的光信号检测出电信号。直接调制方法仅适用于半导体光源（半导体激光器LD和发光二极管LED）。

（2）间接调制方法。

间接调制方法利用晶体的电光效应、磁光效应、声光效应等性质，来实现对激光辐射的调制。该调制方式适用于半导体激光器和其他类型的激光器。

### 1.3.2.2　光传输系统组成

1. 数字光传输系统的基本组成

数字光传输系统的基本组成如图 1－4 所示：

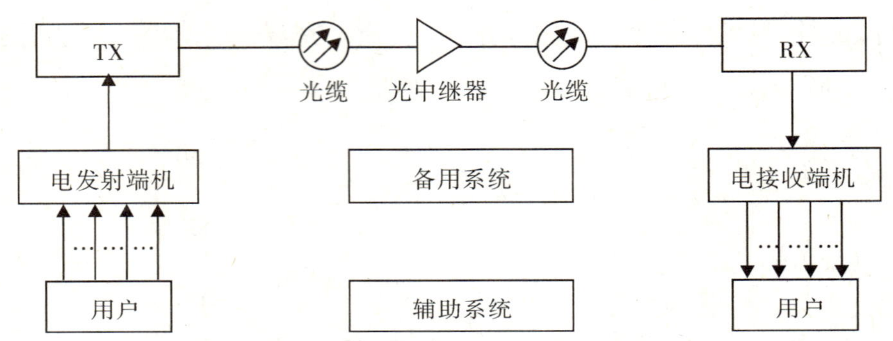


图 1－4　数字光传输系统的基本组成

注：TX：光发射端机　RX：光接收端机

2. 光端机和电端机

光传输系统是双向的，常将光发送机和光接收机合称为光端机。图 1－5 呈现出光端机和电端机在系统中的应用。

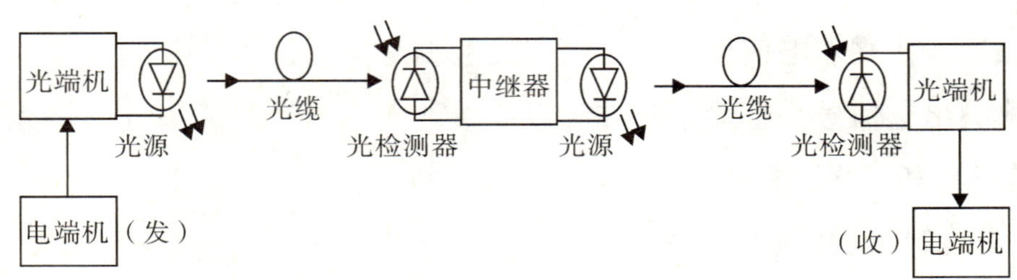


图 1－5　光端机和电端机在系统中的应用

光发送机：将 PCM 设备所送的电信号进行电/光变换，并处理成为满足一定要求的光信号后，送光纤传输。

光接收机：把经光纤传输后脉冲幅度被衰减、宽度被展宽的微弱光信号转变为电信号，并放大、再生，恢复成原来的信号。

电端机：是电发射端机和电接收端机的合称，包括 PCM 基群终端机和高次群复接（或分接）设备。电发射端机是把模拟信号转换为数字信号，完成 PCM 编码，并按时分复用的方式把多路信号复接、合群，从而输出高比特率的数字信号；电接收端机则完成与发射端机的相反变换。

3. 光中继器

光中继器：补偿光能量的损耗，恢复信号脉冲的形状，延长光信号的传输距离。

“光—电—光”中继器由完成光/电变换的光接收端机（无码型变换）及完成电/光变换的发送端机（无功放与码型变换）组成。

4. 掺铒光纤放大器

掺铒光纤放大器（EDFA）：具有高增益、低噪声、对偏振不敏感、放大带宽较宽、易于与光传输系统连接等优点。EDFA 可直接接入光纤传输链路，作为在线放大器（或作为光中继器）取代“光—电—光”中继器，实现“光—光”放大。

#### 1.3.2.3　光传输系统的主要性能指标

1. 误码特性

数字光传输系统的误码率（BER）公式：

BER = 误判码元数/传输的总码元数

2. 抖动特性

抖动是指数字信号在传输过程中的瞬时不稳定现象，包括相位抖动和定时抖动两个方面。

产生抖动的主要原因：随机噪声、时钟恢复电路的谐振频率偏移、接收机的码间干扰及数字复接系统的复接分接过程、光缆的老化等。多中继长途通信方式中的抖动具有累积性。

3. 可靠性与可用性

可靠性是指系统（或产品）在规定的条件下和时间内完成规定功能的能力，常用故障率来表征。

可用性是指系统（或产品）在规定的条件下和时间内处于良好工作状态的概率。

## 1.4 光传输的发展及相关技术

### 1.4.1 PDH

ITU－T 前身 CCITF 于 1972 年提出第一批 PDH 建议，又在 1976 年和 1988 年分别提出两批建议，形成完整的 PDH 体系。PDH（Plesiochronous Digital Hierarchy）即准同步数字系列，它有两种体制：北美体制和欧洲体制。在数字通信发展的初期，大量的数字传输系统都是准同步数字系列。PDH 虽然被称作是光的处理，但基本上是电信号层的处理。随着数字交换的引入，由光通信技术的发展带动的长距离和大容量的数字电路建设，以及网络控制和宽带数字综合业务发展的需要，暴露了 PDH 一些固有的弱点：

（1）PDH 只有地区性的数字信号速率和帧结构标准，这造

成了全球互通的困难。

（2）PDH没有光接口规范的国际标准，导致各厂商生产的专用光接口无法在光路上互通，只有通过光/电转换成标准电接口才能实现互通，从而增加了网络的复杂性和运营成本。

（3）在PDH系统的复用结构中，多数速率的等级信号采用异步复用，而难以从高速信号中识别和提取低速支路信号，且结构复杂，缺乏灵活性。

（4）PDH的帧结构中缺乏用于网络运行管理和维护的辅助比特，限制了网络管理维护能力的进一步改进。

（5）建立在点对点传输基础上的复用结构缺乏灵活性，无法提供最佳的路由选择，非最短的通信路由却占了大部分的业务流量，使数字信道设备的利用率很低，难以支持新业务。

### 1.4.2　SDH

SDH是为克服PDH的缺点而产生的。SDH（Synchronous Digital Hierarchy）即同步数字系列，最早提出SDH概念［当时命名为光同步网络（SONET）］的是美国贝尔通信研究所。1988年，国际电报电话咨询委员会（CCITT）接受了SONET的概念，并将其重新命名为“同步数字系列（SDH）”。

SDH技术的诞生有其必然性，随着通信的发展，要求传送的信息不仅是话音，还有文字、数据、图像和视频等。加之数字通信和计算机技术的发展，在20世纪70至80年代，陆续出现了T1（DS1）/E1载波系统（1.544/2.048Mbps）、X.25帧中继、ISDN（综合业务数字网）和FDDI（光纤分布式数据接口）等多种网络技术。随着信息社会的到来，人们希望现代信息的传输网络能快速、经济、有效地提供各种电路和业务，而上述网络技术由于其业务的单调性、扩展的复杂性、带宽的局限性，仅在原有框架内修改或完善已无济于事，SDH 就是在这种背景下发展起来的。在各种宽带光纤接入网技术中，采用了 SDH 技术的接入网系统是应用最为普遍的。SDH 的诞生解决了由于入户媒质的带宽限制而跟不上骨干网和用户业务需求的发展，而产生的用户与核心网之间接入的“瓶颈”问题，同时提高了传输网上大量带宽的利用率。SDH 技术自从 20 世纪 90 年代引入以来，至今已经是一种成熟、标准的技术，在骨干网中被广泛采用，且价格越来越低。在接入网中应用 SDH 技术，可以将核心网中的巨大带宽优势和技术优势带入接入网领域，充分利用 SDH 同步复用、标准化的光接口、强大的网管能力、灵活网络拓扑能力和高可靠性并带来好处，在接入网的建设中长期处于优势地位。

### 1. 4. 3　MSTP

MSTP（Multi - Service Transfer Platform）（基于 SDH 的多业务传送平台）是指基于 SDH 平台同时实现 TDM、ATM、以太网等业务的接入、处理和传送，提供统一网管的多业务节点。MSTP 的承接业务如图 1 - 6 所示：

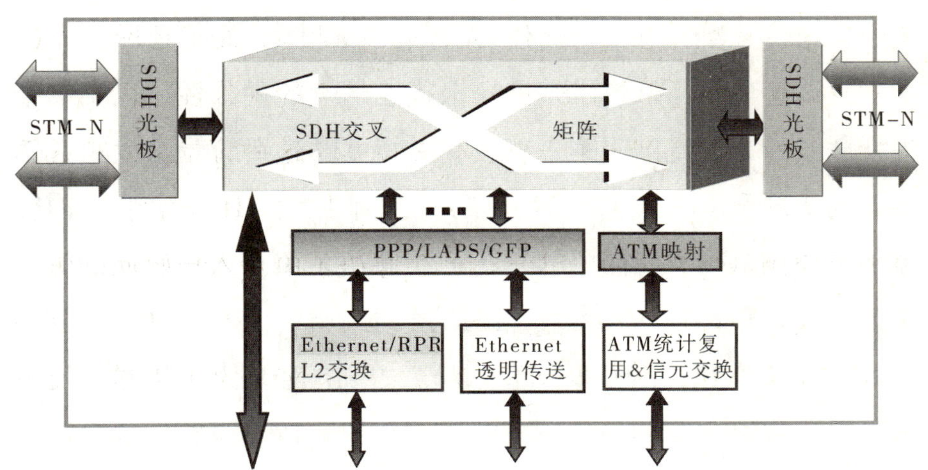


图1-6 MSTP承载业务

随着IP数据、话音、图像等多种业务不断增长的传送需求，用户接入及驻地网的宽带化技术迅速普及起来，原先以承载话音为主要目的的城域网在容量以及接口能力上都已经无法满足业务传输与汇聚的要求。于是，MSTP（Multi - Service TransportPlatform，多业务传送平台）技术应运而生。MSTP是1997年由思科公司提出，并由IETF制定的一种多协议标签交换标准协议，它利用2.5层交换技术将第三层技术（如IP路由等）与第二层技术（如ATM、帧中继等）有机地结合起来，从而使得在同一个网络上既能提供点到点传送，也可以提供多点传送；既能提供原来以太网尽力而为的服务，又能提供具有很高QoS要求的实时交换服务。

### 1.4.4 DWDM

DWDM（Dense Wavelength Division Multiplexing）即密集波分

复用，这是一项用来在现有的光纤骨干网上增加带宽的激光技术。更确切地说，该技术是在一根指定的光纤中，多路复用单个光纤载波的紧密光谱间距，以便利用其可以达到的传输性能（例如达到最低程度的色散或者衰减）。这样，在给定的信息传输容量下，就可以减少所需要的光纤总数量。DWDM 的一个关键优点是它的协议和传输速度是不相关的。基于 DWDM 的网络可以采用 IP 协议、ATM、SONET/SDH、以太网协议来传输数据，处理的数据流量在 100Mb/s 和 2.5Gb/s 之间。因此，基于 DWDM 的网络可以在一个激光信道上以不同的速度来传输不同类型的数据流量。而从 QoS（服务质量）的观点来看，基于 DWDM 的网络是以低成本的方式来快速响应客户的带宽需求和协议改变的。

DWDM 在传输网中的地位如图 1－7 所示：

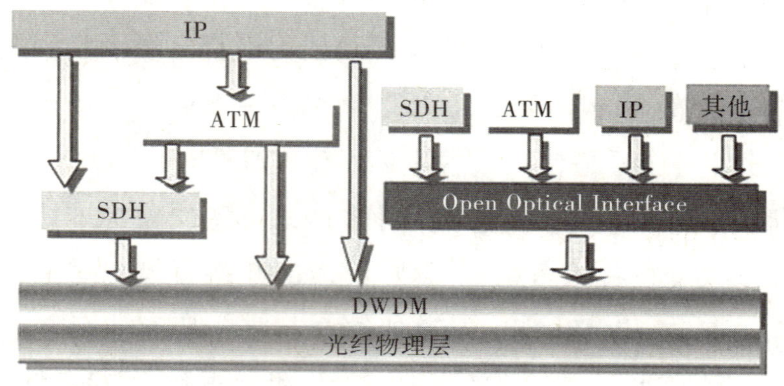


图 1－7　DWDM 在传输网中的地位

DWDM 技术发展趋势如图 1－8 所示：

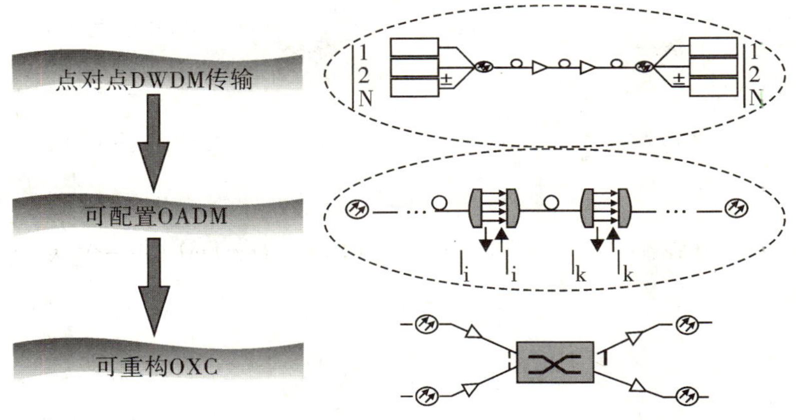


图 1－8　DWDM 技术发展趋势

（1）更高的通道速率。

（2）更多的波长复用数量。

（3）超长的全光传输距离。

（4）从点到点的 WDM 走向业务灵活调度的 OTN。

（5）从骨干层发展到城域核心层。

### 1.4.5　ASON

ASON 的概念是由国际电信联盟在 2000 年 3 月提出的，基本设想是在光传送网中引入控制平面，以完成网络资源的按需分配，从而实现光网络的智能化。它将能使未来的光传送网发展为向任何地点和任何用户提供连接的网，成为一个由成千上万个交换接点和千万个终端构成的网络，并且是一个智能化的全自动交换的光网络，如图 1－9 所示：

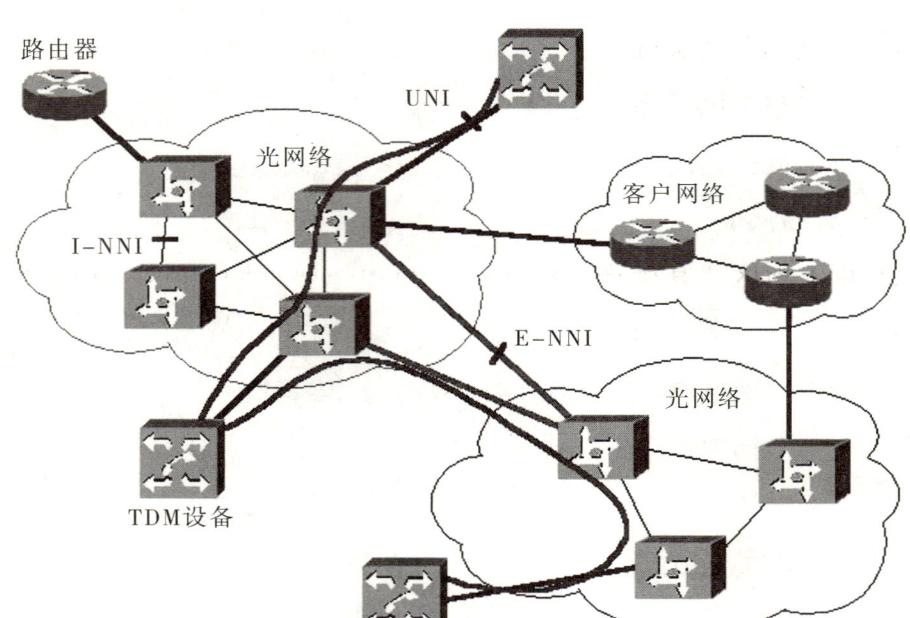


图 1-9　智能化的全自动交换的光网络

ASON 的最主要特点为智能化，由静态网络向智能网络的演进，实现网络拓扑自动发现、带宽动态申请和释放、Mesh 网灵活高效的保护等。传输网络的智能化有两条路线，一条是在原有的 MSTP 网络上加载控制平面，这也是目前商用的 ASON 网络模式；另一条是在 OTN 的基础上加载控制平面，实现真正的智能化全光网络。

## 1.5　电力通信网的业务需求

### 1.5.1　电力通信的意义和作用

作为行业性的专用通信网，电力通信是随电力系统的发展需要而逐步形成和发展的。它主要用来填补电力部门特殊的通信需

求，而这是公网难以满足的，以保证电力生产正常高效地进行，进而促进整个国民经济的发展。

电力通信是现代电力系统不可缺少的重要组成部分。组成电力系统的各部分，如发电、送电、变电、配电和用电通常都是分散在广大地区，其生产、输送、分配和消费是同时进行和完成的，不同于其他任何产业部门。为保证安全、经济地发电和供电，合理分配电能，保证电力质量指标，防止和及时处理系统事故，就要求集中管理、统一调度，因此电力系统必须有一个能够提供特殊保障性服务的通信系统作支持。优质可靠的通信手段是电网安全稳定发电和供电的基础，而电力通信的物理结构和服务对象决定了电力通信与电网密不可分。

电力通信主要为电网的自动化控制、商业化运营和实现现代化管理服务。它是电网安全稳定控制系统和调度自动化系统的基础，是电力市场运营商业化的保障，是实现电力系统现代化管理的重要前提，也是非电产业经营多样化的基础。随着电力工业的日益发展，电力系统通信网作为现代电力系统的重要组成部分，正在不断成长、发展和完善，并发挥着越来越重要的作用。

### 1.5.2 电力通信网承载的业务

电力通信网承载的业务可划分为关键运行业务和事务管理业务两大类。

（1）关键运行业务是电力通信网中的传统业务，也是最被重视的业务，与电网的安全运行息息相关。它包括远动信号、数据采集与监视控制系统、电量管理系统、继电保护信号和调度电话等。关键运行业务又以变电所为运行主体，其特点是要求实时性、可靠性和特别高的安全性。

（2）事务管理业务包括办公自动化系统、MIS 系统等，主要以行政单位及供电所等为主体，其业务特点主要是种类多、业务量大、突发性强，此业务近些年来发展极为迅速。

在为电力系统服务方面，电力通信网要为地区局、电厂、变电站及所属县局之间提供通信通道的基础服务。目前，电力通信网主要承载的业务如表 1－1 所示：

**表 1－1　电力网络上的各项数据业务**

| 序号 | 类别 | | |
|---|---|---|---|
| | 实时业务 | 准实时业务 | 非实时业务 |
| 1 | EMS 电网调度自动化 | 雷电定位系统 | 营销系统 RMIS |
| 2 | SCADA 变电站自动化 | 电能量计量遥测系统 | 财务系统 FMIS |
| 3 | DCS 电厂计算机监控 | 电力市场申报数据 | OA 系统 |
| 4 | 水调自动化 | 配网自动化 DMS、GIS | 营销系统 |
| 5 | 实时电力市场辅助信息 | 微机安全自动保护 | 故障录波信息 |
| 6 | 电力系统动态测量信息 | | 办公自动化 OA 系统 |
| 7 | 配网自动化 DA 信息 | | 与政府联网 |
| 8 | | | 其他增值服务 |

为保证电力生产的安全性，要求调度数据网与综合 IP 网络在物理层进行安全的有效隔离，但现在电力传输网承载的业务既有宽带 IP 业务，也有保证电网安全的生产业务。要求两网承载业务如表 1－2 所示：

表 1－2　电力 IP 通信网络业务分类表

| 宽带 IP 城域网 | | 调度数据网 | |
|---|---|---|---|
| 序号 | 业务名称 | 序号 | 业务名称 |
| 1 | 办公自动化信息 OA | 1 | 电能量管理信息 EMS（含 SCADA） |
| 2 | 财务营销管理 MIS | 2 | 变电站自动化系统 |
| 3 | 用电营销管理 MIS | 3 | 换流站计算机监控系统 |
| 4 | call－center 客户服务信息 | 4 | 电能计量遥测 |
| 5 | 工程管理信息 PMS | 5 | 电力市场及竞价上网 |
| 6 | 生产运行管理信息 | 6 | 配网管理及 GIS |
| 7 | 人力资源管理信息系统 | 7 | 大电厂机组信息网 |
| 8 | 物料管理以及电子商务 | 8 | 故障录波 |
| 9 | ISP 及 Internet | 9 | 雷电监测定位 |
| | | 10 | 水文信息等 |

上述各种业务，既有实时业务，又有准实时业务和非实时业务。就电力通信网络中的实时业务和准实时业务而言，其显著特点是数据流量小，对可靠性要求较高。而非实时业务，一般具有数据流量大、对可靠性要求也没有那么严格的特点。

## 1.6　术语和定义

1. ADM：Add/Drop Multiplexer 分插复用器

2. AIS：Alarm Indication Signal 告警指示信号

3. APS：Automatic Protection Switched 自动保护倒换

4. ATM：Asynchronous Transfer Mode 异步传输模式

5. AU：Administration Unit 管理单元

6. AUG：Administration Unit Group 管理单元组

7. BA：Booster Amplifier 功率放大器

8. BBER：Background Block Error Ratio 背景误块比，背景差错块比

9. BER：Bit Error Ratio 误码率，误比特率，比特差错比

10. BITS：Building Integrated Timing Supply 大楼综合定时供给系统

11. C：Container 容器

12. CORBA：Common Object Request Broker Architecture 公用目标请求代理结构

13. DDN：Digital Data Network 数字数据网

14. DXC：Digital Cross Connect equipment 数字交叉连接设备

15. EMS：Element Management System 网元管理系统

16. ESR：Errored Second Ratio 误码秒比，误块秒比

17. GFP：Generic Framing Procedure 通用成帧规程

18. HDB3：High Density Bipolar of order 3 三阶高密度双极性码

19. IP：Interworking Protocol 互通协议

20. LA：Line Amplifier 线路放大器

21. LAN：Local Area Network 局域网

22. LAPS：Link Access Procedure – SDH SDH 上的链路接入规程

23. LCAS：Link Capacity Adjustment Scheme 链路容量调整机制

24. LCT：Local Craft Terminal 本地维护终端

25. MPLS：Multi – Protocol Label Switching 多协议标签交换技术

26. NE：Network Element 网元

27. NMS：Network Management System 网络管理系统

28. OA：Optical Amplifier 光放大器

29. PA：Pre - Amplifier 前置放大器

30. PDH：Plesiochronous Digital Hierarchy 准同步数字系列

31. PMD：Polarization Mode Dispersion 偏振模色散

32. RPR：Resilient Packet Ring 弹性分组环

33. RX：Receiver 接收机

34. SDH：Synchronous Digital Hierarchy 同步数字系列

35. SEC：SDH Equipment Clock SDH 设备时钟

36. SNCP：Sub Network Connection Protection 子网连接保护

37. SSM：Synchronization Status Message 同步状态信息

38. STM：Synchronous Transport Module 同步传送模块

39. TDM：Time Division Multiplexing 时分复用

40. TU：Tributary Unit 支路单元

41. TUG：Tributary Unit Group 支路单元组

42. TX：Transmitter 发送机

43. VC：Virtual Container 虚容器

# 2 光传输网络设备的技术要求

## 2.1 一般性要求

### 2.1.1 基本功能要求

本规范所指传输的网络设备是基于 SDH 的多业务传送平台（MSTP）设备。其基本功能模型要求如图 2－1 所示：

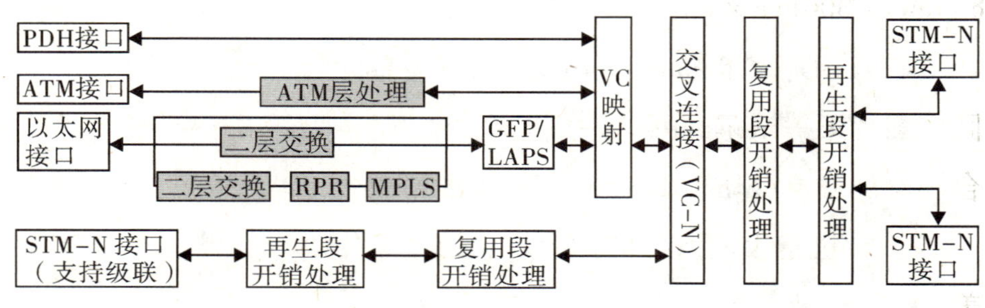


图 2－1 MSTP 设备功能模型

### 2.1.2 结构要求

（1）MSTP 设备的总体机械结构采用模块化结构，以方便安

装、维护以及灵活扩容。

（2）MSTP 设备应支持所有板卡的热插拔。

（3）MSTP 设备应具有关键部件（包括但不限于交叉连接板、电源板）的冗余备份。

### 2.1.3 供电要求

（1）MSTP 设备供电电压要求为 -48V 的直流电源，其电压波动的允许范围为 -57V ~ -40V。

（2）MSTP 设备应采用双路供电输入，双路供电自动切换，能保证任意一路故障，设备仍正常工作。

### 2.1.4 设备机柜要求

（1）机柜尺寸应符合以下三种尺寸（宽×深×高）之一：

600mm×600mm×2 200mm；800mm×600mm×2 200mm；800mm×800mm×2 200mm。

（2）机柜从整体结构来看，外形平整，所有焊接处均匀、牢固，无变形等缺陷，所有紧固处有防松动装置；机柜机械强度符合国家优质产品质量要求。

（3）机柜表面涂层的颜色均匀一致，无炫目反光，表面整洁美观，无起泡、裂纹等缺陷。机柜及机柜前后门的表体颜色符合 RAL7035 色。

（4）机柜正表面右上角的合适位置可有大小合适的南方电网徽标，左上角可有用户要求的设备名称、编号。

（5）机柜应满足满负荷使用时的通风散热要求。

（6）机柜内部设备挂点要求为标准 19 英寸条架结构。设备的安装固定方式应具有防振抗震能力，保证设备经过常规的运输、储存和安装后，不产生破损变形。

（7）机柜内的所有连接线符合耐压、安全载流、阻燃的要求，并在两头有走向的标识。

（8）机柜应有两个尺寸不小于M8螺丝的优良导体材料的总接地点（M8螺丝与机柜焊机），用于与机房接地铜排可靠连接；机柜前门、后门有不小于6mm的铜质地线与机柜总接地点进行可靠连接。

（9）机柜前后门应开启灵活，开启角度不小于110°，间隙不大于2mm，可根据用户需要，采用后门拆装方式。机柜底部留有对称的四个直径为φ8mm～φ12mm的安装固定用螺钉孔，机柜顶部、底部两侧留有总尺寸不小于80mm×200mm的对称长方形万用电缆进出口，电缆进出口有防止电缆磨损的措施（如塑料胶圈等）。

### 2.1.5 环境要求

（1）MSTP设备应能在以下环境条件下正常运行和储存：

①工作温度：－5°C～45°C

②储存温度：－20°C～55°C

③相对湿度：5%～95%

（2）MSTP设备应能在以下灰尘环境下正常工作：直径大于5μm的灰尘浓度≤3×104粒/m³；灰尘粒子具有非导电、导磁和腐蚀性的特点。

（3）MSTP设备的电磁兼容性及抗电磁干扰应符合GB/T 13926.2－1992、GB/T 13926.3－1992和GB/T 13926.4－1992的要求。

### 2.1.6 可靠性要求

MSTP 设备运行的平均故障间隔时间（MTBF—Mean Time Between Failure）应不小于 80 000 小时。

## 2.2 SDH 技术要求

### 2.2.1 基本要求

（1）MSTP 设备应满足 SDH 节点的基本功能要求，符合 YD/T1022－1999 的相关规范。

（2）MSTP 设备应符合 ITU－T 建议 G.703、G.707、G.783、G.784、G.813、G.825、G.826、G.828、G.841、G.842、G.957、G.958。

（3）MSTP 设备基本模块 STM－1 信号的比特率是155 520kbit/s，STM－4 信号的比特率是 622 080kbit/s，STM－16 信号的比特率是 2 488 320kbit/s，STM－64 信号的比特率是9 953 280kbit/s。PDH 信号的帧结构应符合 ITU－T 建议 G.704、G.751，STM－1、STM－4、STM－16、STM－64 信号的帧结构应符合 ITU－T 建议 G.707。

(4) MSTP 设备复用结构应符合图 2 - 2 要求：

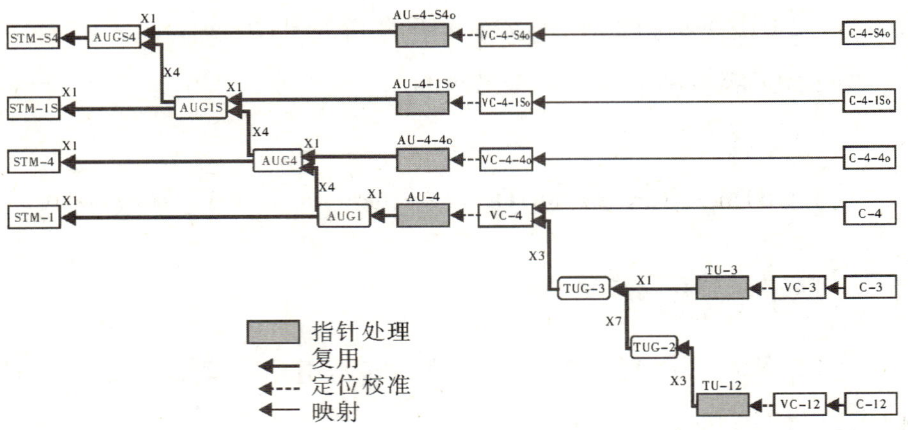


图 2 - 2　复用结构

## 2. 2. 2　容量要求

### 2. 2. 2. 1　高阶交叉容量

(1) STM - 64 等级 MSTP 设备的高阶交叉能力应不低于 512 ×512 VC - 4。

(2) STM - 16 等级 MSTP 设备的高阶交叉能力应不低于 128 ×128 VC - 4。

(3) STM - 4 等级 MSTP 设备的高阶交叉能力应不低于 64 ×64 VC - 4。

(4) STM - 1 等级 MSTP 设备的高阶交叉能力应不低于 16 ×16 VC - 4。

### 2. 2. 2. 2　低阶交叉容量

(1) STM - 64 等级 MSTP 设备的低阶交叉能力应不低于

4 032 ×4 032 VC－12。

（2）STM－16 等级 MSTP 设备的低阶交叉能力应不低于 2 016 ×2 016 VC－12。

（3）STM－4 等级 MSTP 设备的低阶交叉能力应不低于 1 008 ×1 008 VC－12。

（4）STM－1 等级 MSTP 设备的低阶交叉能力应不低于 252 ×252 VC－12。

#### 2. 2. 2. 3 业务槽位数量

（1）STM－64 等级 MSTP 设备应至少具备 12 个业务接入槽位，同时至少支持 4 个 10Gb/s 光接口 +8 个 2. 5Gb/s 光接口。支路接口应可以在支路侧进行任意配置。在改变和增减支路接口时不应对其他支路的业务产生任何影响。

（2）STM－16 等级 MSTP 设备应至少具备 8 个业务接入槽位，同时至少支持 4 个 2. 5Gb/s 光接口 +6 个 622Mb/s 光接口。支路接口应可以在支路侧进行任意配置。在改变和增减支路接口时不应对其他支路的业务产生任何影响。

（3）STM－4 等级 MSTP 设备应至少具备 7 个业务接入槽位，同时至少支持 4 个 622Mb /s 光接口 +6 个 155Mb /s 光接口。支路接口应可以在支路侧进行任意配置。在改变和增减支路接口时不应对其他支路的业务产生任何影响。

（4）STM－1 等级 MSTP 设备应至少具备 4 个业务接入槽位，同时至少支持 4 个 155Mb /s 光接口。支路接口应可以在支路侧进行任意配置。在改变和增减支路接口时不应对其他支路的业务产生任何影响。

### 2.2.3 接口要求

#### 2.2.3.1 STM－64 等级 MSTP 设备应提供的接口类型

（1）2Mb/s 接口板：设备应支持直接接入 2Mb/s 业务；

（2）STM－1 电接口板：I－1、S1.1、S1.2；

（3）STM－1 光接口板：I－1、S1.1、S1.2、L1.1、L1.2；

（4）STM－4 光接口板：I－4、S 4.1、S 4.2、L 4.1、L 4.2；

（5）STM－16 光接口板：I－16、S16.1、S16.2、L16.1、L16.2；

（6）STM－64 光接口板：I－64、S64.1、S64.2、L 64.1、L 64.2等。

#### 2.2.3.2 STM－16 等级 MSTP 设备应提供的接口类型

（1）2Mb/s 接口板：设备应支持直接接入 2Mb/s 业务；

（2）STM－1 电接口板：I－1、S1.1、S1.2；

（3）STM－1 光接口板：I－1、S1.1、S1.2、L1.1、L1.2；

（4）STM－4 光接口板：I－4、S 4.1、S 4.2、L 4.1、L 4.2；

（5）STM－16 光接口板：I－16、S16.1、S16.2、L16.1、L16.2。

#### 2.2.3.3 STM－4 等级 MSTP 设备应提供的接口类型

（1）2Mb/s 接口板：设备应支持直接接入 2Mb/s 业务；

（2）STM－1 电接口板：I－1、S1.1、S1.2；

（3）STM－1 光接口板：I－1、S1.1、S1.2、L1.1、L1.2；

（4）STM－4 光接口板：I－4、S 4.1、S 4.2、L 4.1、L 4.2。

#### 2.2.3.4 STM－1 等级 MSTP 设备应提供的接口类型

（1）2Mb/s 接口板：设备应支持直接接入 2Mb/s 业务；

（2）STM－1 电接口板：I－1、S1.1、S1.2；

（3）STM－1 光接口板：I－1、S1.1、S1.2、L1.1、L1.2。

### 2.2.4 保护要求

#### 2.2.4.1 设备保护

（1）MSTP 设备交叉板应支持 1 +1 或 1：1 的备份配置，能实现在线切换。

（2）MSTP 设备电源板应支持 1 +1 或 1：N 保护。

（3）STM -4 及以上等级的 MSTP 设备应支持 2Mb/s 板的 1：N保护。

#### 2.2.4.2 网络保护

MSTP 设备应支持保护倒换功能。保护切换的操作方式应具有自动和人工切换两种方式。为防止由于断续失效而引起的保护频繁地切换，失效段处于无故障状态后，应等待 5 ~12 分钟才能再次使用。

（1）复用段保护（MSP1 +1）：保护倒换时间不超过 50ms。

（2）子网连接保护（SNCP）：保护倒换时间不超过 50ms。

（3）复用段共享保护环（MS - Spring）：环长小于 1 200km 时，保护倒换应在 50ms 内完成；环长大于 1 200km 时，保护倒换应在 150ms 内完成。

### 2.2.5 同步要求

（1）MSTP 设备时钟功能结构应符合 ITU -T 建议 G. 783，如图 2 -3 所示：

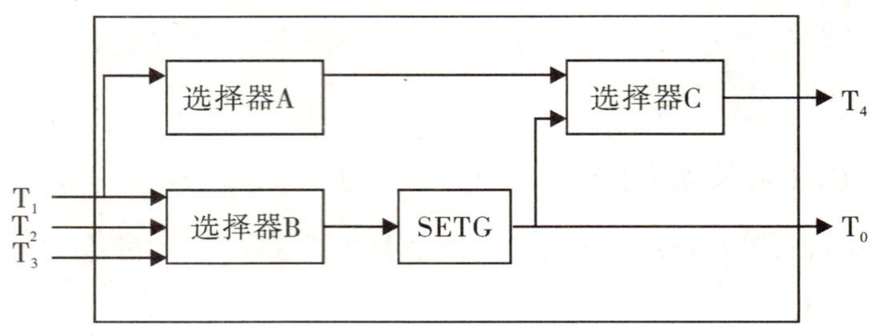


图 2－3　MSTP 设备时钟功能结构

其中，$T_1$为 STM－N 输入接口，即来自 STM－N 线路/支路的信号；$T_2$为 PDH 输入接口，即来自 PDH 支路的信号；$T_3$为外定时输入接口，即来自外定时输入接口的信号；SETG 为同步设备的定时发生器，即 MSTP 设备时钟 SEC；$T_4$为外定时输出接口，其定时输出可直接由 STM－N 线路/支路导出，也可来自 SETG；$T_0$为内部定时接口。

（2）MSTP 设备的定时基准应能从下述类型的输入中获得：

①如果在 2 048kHz 同步时钟输入或者 2 048kb/s 同步时钟输入这两者中进行选择，优选 2 048kb/s，该 2 048kb/s 同步时钟信号应符合 ITU－T 建议 G. 704；

②从 STM－N 信号中恢复定时；

③从支路信号中恢复定时（不包含以太网支路信号和从 SDH 系统直接输出的 PDH 信号）。

（3）MSTP 设备应能支持同时从 STM－N 信号中提取定时和从外同步时钟输入口提取定时。其中对 MSTP 设备外同步接口的要求如下：

①MSTP 设备应至少配置两个外同步输入接口和两个外同步输出接口，接口种类为 2 048kb/s 或 2 048kHz，其物理、电气特

性应符合 ITU－T 建议 G. 703，2 048kb/s 的帧结构应符合 ITU－T 建议 G. 704，2 048kb/s、2 048kHz 接口方式应现场可调。

②2 048kb/s 外同步输入接口应具有识别 SSM 质量等级的功能，或具有识别 AIS 信息的功能及预置 SSM 质量等级的功能。

③2 048kb/s 外同步输出接口应具有发送 SSM 质量等级的功能，或具有根据 SDH 复用段层 SSM 质量等级来发送 AIS 信息或闭塞其输出的功能。

④2 048kHz 外同步输入接口应具有预置 SSM 质量等级的功能。

⑤2 048kHz 外同步输出接口应具有根据 SDH 复用段层 SSM 质量等级来闭塞其输出的功能。

（4）SSM 功能要求。

①MSTP 设备 SSM 质量等级定义。

MSTP 设备 SSM 质量等级定义应符合 ITU－T 建议 G. 707，使用 STM－N 帧结构复用段 S1 字节的 5－8bit 来表示 SSM 质量等级，详细定义见表 2－1：

表 2－1　SSM 质量等级定义

| SSM 编码 | 优选顺序 | 质量等级描述 | 对应的我国时钟等级 |
| --- | --- | --- | --- |
| 0010 | 最高 | QL_PRC | 1 级基准时钟 |
| 0000 | ↓ | QL_UNK（可选） | 质量等级未知 |
| 0100 | ↓ | QL_SSUT | 2 级节点时钟 |
| 1000 | ↓ | QL_SSUL | 3 级节点时钟 |
| 1011 | ↓ | QL_SEC | SDH 网元设备时钟 |
| 1111 | 最低 | QL_DNU | 同步信号不可用 |
| 其他 | | | 预留 |

②SSM 响应规则。

a. 保护状态下转发 SSM 的规则：在 SEC 丢失输入定时参考信号且无其他可用定时参考信号时，SEC 将进入保持状态，所有方向的 STM－N 线路/支路的外定时输出信号（直接导出的除外）应发送 SEC 时钟等级的 SSM 信息。

b. 非倒换状态下转发 SSM 的规则：当 SEC 选用的定时参考信号的 SSM 质量等级发生变化且不引起参考倒换时，所有方向的 STM－N 线路/支路（反向发送 DNU 的除外）和外定时输出信号（直接导出的除外）应发送变化后的 SSM 质量等级信息。

c. 倒换状态下转发 SSM 的规则：当 SEC 选用新的定时参考信号时，所有方向的 STM－N 线路/支路（反向发送 DNU 的除外）和外定时输出信号（直接导出的除外）应发送新选用的定时参考信号的 SSM 质量等级信息。

d. 反向发送 DNU 的规则：当 SEC 选用一个 STM－N 线路/支路作为定时参考信号时，其对应的反向 STM－N 线路/支路信号应发送 QL－DNU 的 SSM 质量等级信息。当外定时输出信号选择从 STM－N 线路/支路导出，SEC 选用外定时输入信号作为定时参考信号，而且两者的 SSM 质量等级相同时，其对应的反向 STM－N 线路/支路信号应发送 QL－DNU 的 SSM 质量等级信息。

e. 外定时输出信号直接导出的规则：当外定时输出信号选择从 STM－N 线路/支路导出时，应发送选用的 STM－N 线路/支路信号的 SSM 质量等级信息。当选用的 STM－N 线路/支路信号的 SSM 质量等级低于所设门限值或出现 LOS/AIS/OOF（LOF）告警时，2Mb/s 接口应具有在外定时输出信号中插入 AIS 信息或闭塞的功能；2MHz 接口应具有闭塞外定时输出信号的功能。

### 2.2.6 公务要求

设备应能提供公务（EOW）和使用者通路，其接口特性应符合 ITU－T 建议 G. 703 同向型接口的规定。

（1）公务联络应具有下述三种呼叫功能：

①选址呼叫方式，被选的局站数不少于 99 个。

②群呼方式。

③广播呼叫方式。

（2）公务联络应具有跨数字段的通话能力，即进行数字段之间的公务联络。

（3）公务联络应具有多方向互通功能，互通方向不少于 4 个。其还应具有延伸功能，即应具有主副机接口，副话机可延伸距离不少于 200m，主副话机具有相同的呼叫能力。

## 2.3 以太网技术要求

### 2.3.1 SDH 传送以太网 MAC 帧的协议

（1）以太网数据帧的封装应采用 GFP 或 LAPS 协议，首选 GFP 封装协议。GFP 具体技术规范应符合 ITU－T 建议 G. 704。

（2）设备在处理数据帧时应支持连续级联和虚级联两种级联方式。采用虚级联方式时，虚级联组内的各 VC 容器应可以从不同的物理路由上进行传输。

（3）以太网接口映射到 SDH 虚容器应符合表 2－2 的要求。对于 10/100Mbit/s 自适应接口，建议使用 VC－12－Xc/v；对于 1 000Mbit/s 自适应接口，建议使用 VC－4－Xc/v。

表 2-2　以太网映射到 SDH 虚容器的对应关系

| 以太网接口宽带 | SDH 映射单位 | 以太网接口宽带 | SDH 映射单位 |
|---|---|---|---|
| 10/100Mbit/s 自适应接口 | VC-12-Xc/v | 1 000Mbit/s 自适应接口 | VC-3-Xc/v |
| | VC-3 | | VC-4-4c/v |
| | VC-3-2c/v | | VC-4-8c/v |
| | VC-4 | | VC-4-Xc/v |

## 2.3.2　功能要求

### 2.3.2.1　以太网业务透传的功能要求

MSTP 设备应具备以太网业务透传的功能，该功能是指来自以太网接口的数据帧不经过二层交换，直接进行协议封装和速率适配后映射到 SDH 虚容器（VC）中，然后通过 SDH 节点进行点到点传送，如图 2-4 所示，基本要求如下：

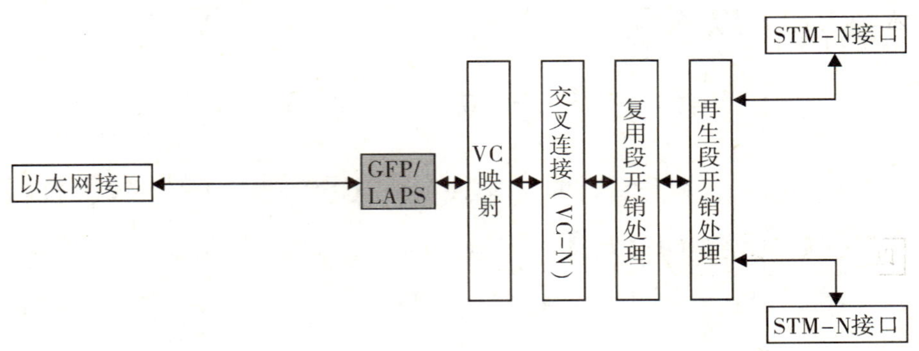


图 2-4　以太网业务透传功能的基本模型

（1）应支持点到点的以太网业务，以及透明 LAN（局域网）业务。

（2）应同时支持 EPL（专线）和 EVPL（虚拟专线）业务。

（3）应支持传输链路宽带可配置，带宽调整应具备很小的颗粒度（VC－12）。

（4）应保证以太网业务的透明性，保证对所有的二层/三层以上的协议透明，包括以太网 MAC 帧、VLAN（虚拟局域网）标记等的透明传送。

（5）应支持不同以太网透传业务之间的数据安全隔离以及 VLAN 重用功能。

（6）应支持数据帧 VC 通道的虚级联映射，采用虚级联映射时，应支持 LCAS 机制，能动态地调整虚级联组的 VC 个数。

#### 2.3.2.2 以太网业务二层交换功能的要求

MSTP 设备应支持二层交换功能，该功能是指在一个或多个用户侧以太网物理接口与一个或多个独立的系统侧的 VC 通道之间，实现基于以太网链路层的数据包交换，如图 2－5 所示，基本要求如下：

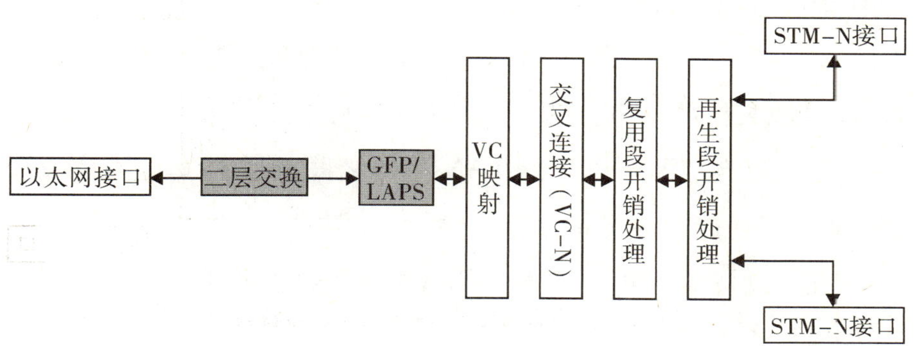


图 2－5 以太网业务交换功能的基本模型

（1）应支持点到点的以太网业务、点到多点以太网业务汇聚以及透明 LAN 业务。

（2）应同时支持 EPLAN（专网）业务和 EVPLAN（虚拟专网）业务。

（3）应支持传输链路带宽可配置。快速以太网端口（FE）的颗粒度不大于 VC－12，千兆以太网端口（GE）的颗粒度不大于 VC－4。

（4）应同时支持 GE 端口和 FE 端口的二层交换功能，应支持多以太网端口的带宽共享以及业务汇聚。以太网二层交换能力应不低于 2.5Gb/s，达到无阻塞线速交换（不得通过外接设备提供）。

（5）数据帧应支持连续级联和虚级联两种级联方式，采用虚级联映射时，应支持 LCAS 机制，能动态地调整虚级联组的 VC 个数，而虚级联的最小颗粒度要求为 VC－12。

（6）应能实现转发/过滤以太网数据帧的功能，该功能应符合 IEEE 802.1D 协议的规定。

（7）应能识别 IEEE 802.1Q 规定的数据帧并根据 VLAN 信息转发/过滤数据帧，应支持 VLAN Trunk 功能。

（8）应支持不同以太网 LAN 业务之间的数据安全隔离以及 VLAN 重用功能，应支持 VLAN Stacking 功能。

（9）设备应提供自动学习和静态配置两种可选方式，维护 MAC 地址表。

（10）设备应支持以太网端口流量控制：

①支持半双工模式下的反压流控功能；

②支持全双工模式下的 IEEE 802.3 流量控制，也称 PAUSE

帧控制功能。

（11）设备应支持基于用户的端口接入速率限值。对于超过接入速率限制的数据包，在交换拥塞时优先丢弃。

（12）设备应支持业务分类 QoS：

①每个接口具备 2 个以上的输入/输出队列；

②可以根据端口、VLAN 信息以及其他协议字段作流量分类；

③设备应实现基于端口、VLAN ID 等不同特征的流量分类。

（13）设备应实现基于流量分类的速率限制，速率粒度应较小，以便于合理分配。建议最小颗粒不大于 64Kb/s。

2.3.2.3　*以太环网功能要求*

以太环网功能主要应用于环形组网结构，通过在 SDH 环路中共享指定的环路带宽，使用 STP/RSTP 协议来实现用户之间的以太网互联。通过以太环网功能，可以实现多用户接口之间的虚拟专用网业务。基本功能要求如下：

（1）以太网环路的传输链路带宽可配置：可按照用户需求配置传输链路带宽，颗粒度应足够小，如 FE 接口的颗粒度应不大于 VC－12，GE 接口的颗粒度应不大于 VC－4。

（2）应支持以太网环路带宽的统计复用功能：应支持节点内所有以太网端口的统计复用，以及环路上全部节点的所有以太网端口的统计复用。

（3）应支持以太网环路中各阶段端口带宽的动态分配，当用户端口流量变化时，应支持实时调整占用的网络带宽而不中断业务。

（4）应支持 IEEE 802.1D 快速生成束协议（RSTP），或 TTL 机制，避免产生环路。

（5）应支持 IEEE 802.1Q VLAN 的划分，实现环网内用户端口间的隔离和互通。

（6）环网内应支持以太网的单播、组播和广播业务。

2.3.2.4 内嵌 RPR 的 MSTP 功能要求

（1）当直接接入的或经过汇聚的以太网业务映射到 RPR MAC 层时，应采用 IEEE 802.17 中定义的远程转发（Remote forwarding）方式，实现对 IEEE 802.3 MAC 帧的透明传送。

（2）应支持 IEEE 802.3 MAC 和 IEEE 802.17 RPR MAC 之间的桥接处理功能，桥接处理遵循 IEEE 802.1D。

（3）RPR MAC 层应符合 IEEE 802.17 的规定，包括 RPR MAC 帧结构、RPR MAC 层控制功能。

（4）可采用虚级联通道作为 RPR 环路的传送通道，采用 GFP 对 RPR 帧进行封装。

（5）对业务交换应采用分组式 ADM 体系，以提高系统的处理性能。每个节点的 RPR MAC 层对业务的处理具有三种情况：上环、下环、过环。

（6）内嵌于 MSTP 的 RPR 应支持空间复用技术（Spatial Reuse Protocol）。

（7）MSTP 支持的 RPR 机制应提供两种环保护机制之一，一种为 Steering—源路由方式，另一种为 Wrap—折回方式。两种保护方式都应保证环保护小于 50ms。

（8）支持拓扑自动识别功能。

（9）支持带宽公平机制和拥塞控制机制。

（10）MSTP 支持的 RPR 机制应支持 IEEE 802.17 建议的集中服务类别，包括 A、B 和 C 类。控制信令是默认的最高优先

级，并无须定义其级别。

### 2.3.3 接口要求

MSTP 设备应提供以下的以太网接口类型：

（1）10M/100M 以太网接口：接口应符合 IEEE 802.3。

（2）1 000M 以太网接口：接口应符合 IEEE 802.3。1 000Mbps 以太网物理接口应支持 1 000Base－SX 和 1 000Base－LX。

### 2.3.4 性能要求

#### 2.3.4.1 以太网业务透传的性能要求

（1）吞吐量：设备在同一模块并经过背板时，单对端口间的稳态吞吐量应达到线速。

（2）时延：设备应具有较低的转发时延。本规范定义的时延为从测试设备发出带时戳的测试帧到收到该帧的时间间隔。本规范建议 100M 以太网端口 64Byte 以太网包时延不超过 200μs，GE 端口 64Byte 以太网包时延不超过 100μs。

（3）误码率：端口满负荷传输时的比特差错率。建议误码率 $<10e-7$。

（4）过负荷：试图使被测设备以超出端口媒体限制的速度传输。过负荷可以通过缓存或拥塞控制方式来实现。本规范建议设备具有实现过负荷的能力。

#### 2.3.4.2 以太网业务二层交换的性能要求

（1）吞吐量：设备在同一模块并经过背板时，单对端口间的稳态吞吐量应达到线速。

（2）时延：设备应具有较低的转发时延。本规范定义的时延为从测试设备发出带时戳的测试帧到收到该帧的时间间隔。本规范建议100M以太网端口64Byte以太网包时延不超过200μs，GE端口64Byte以太网包时延不超过100μs。

（3）误码率：端口满负荷传输时的比特差错率。建议误码率<10e－7。

（4）过负荷：试图使被测设备以超出端口媒体限制的速度传输。过负荷可以通过缓存或拥塞控制方式来实现。本规范建议设备具有实现过负荷的能力。

（5）MAC地址容量：设备末端口应具有64K以上MAC地址表容量。

（6）支持VLAN数量：要求单节点支持不小于4 096个VLAN，VLAN ID范围为0～4 095。

## 2.4 网管系统技术要求

网管系统包括网络级网管系统和网元级网管系统，具体技术要求如下。

### 2.4.1 功能要求

（1）故障管理：主要包括告警管理。

（2）配置管理：网管系统应具有对电路（Circuit）、路径的端到端配置功能。

（3）性能管理：网管系统应支持ITU－T G.826、Q.822、X.738、X.739、G.774.1和M.3100等标准规定的SDH各种性能参数。

（4）安全管理：包括操作权限管理、用户管理、日志管理等内容。

### 2.4.2 性能要求

（1）网管系统应具有向后兼容性的特点，以便使现存的网元和将来升级后的网元均能由所提供的网管系统管理。

（2）网管系统要求网元级网管系统可管理等效网元数量不少于200个，网络级网管系统可管理等效网元数量不少于500个，可接入网管网元的数量不少于4个。

（3）建立高层管理网络系统时，TMN能兼容不同厂家的网管设备。

（4）网络级网管系统应能支持异地热备配置，当主用网管发生故障时，备用网管能承担并完成发生故障的主网管的管理工作，不会影响传输网络的正常业务。

（5）网管系统投入服务和退出服务、网元中系统控制卡的插入和拔出等情况对已开通的业务电路不产生任何影响。

### 2.4.3 接口要求

（1）网络管理系统应支持本地和远程接入，支持多用户同时操作，应至少支持以下其中一种DCN接入能力：以太网、DDN网、2Mbit/s G.703同向型接口、X.25网等。

（2）MSTP设备应向网元管理系统提供Q3接口，该接口在协议上应符合ITU－T Q.811和Q.812的Q3接口协议以及信息产业部颁发的相应规定，并遵循ITU－T G.784建议的网管系统要求。

（3）MSTP子网管系统提供的北向接口应采用CORBA接口、

SNMP 接口，并符合 ITU－T 相关建议。

（4）MSTP 设备应提供 CLI 管理，应支持终端、Telnet 和拨号登录方式。

（5）可提供或开发相应的协议接口（如 SNMP、CORBA、Q3 等），以满足将来统一网管平台需要。

## 2.5 光放大器技术要求

（1）光纤放大器和光放子系统性能应满足 ITU－T 建议 G.662、G.691 的要求。

（2）光纤放大器和光放子系统的传输速率为 STM－1、STM－4、STM－16、STM－64。

（3）光纤放大器和光放子系统应能支持纳入 MSTP 传输设备的网管系统。

（4）光纤放大器和光放子系统引入后其性能仍应满足网络的整体性能要求。

（5）光纤放大器和光放子系统平均故障间隔时间（MTBF）应不少于 10 年，其光器件寿命应不少于 10 万小时。

（6）光纤放大器应有明显的安全标识以确保工作人员的人身安全，包括正确的内部锁定和光器件自动关闭功能。

## 2.6 色散补偿技术要求

（1）色散补偿系统应通过 Telcordia GR－1221，来满足 RoHS5 标准的要求。

（2）色散补偿系统的传输速率为 STM－16、STM－64；光纤类型为 G. 652 或 G. 655。

（3）色散补偿系统平均故障间隔时间（MTBF）应少于 10 年，其光器件寿命应不少于 10 万小时。

# 3　光传输设备安装

在一个新建的变电站通信机房，我们如何确定机房环境是否符合我们光传输设备安装的要求？机房内设备该如何布置？设备安装前应该准备些什么？硬件的安装包括哪些内容，应该如何安装？安装完硬件后我们该如何检查设备，设备上电的步骤是怎么样的？图3－1所示的是光传输设备：

图3－1　光传输设备

光传输设备是电力通信网的核心传输设备，是电力通信网的基础设施。以下将简略描述光传输设备安装的操作步骤、技术要点和安全注意事项。本章将重点描述设备安装的环境要求、机房布置、硬件安装以及上电检查等要点。

## 3.1 危险点分析及预控措施

光传输设备安装时应注意的危险点及预控措施如表 3－1 所示：

表 3－1 危险点分析及预控措施

| 序号 | 安全风险 | 预控措施 |
| --- | --- | --- |
| 1 | 作业现场的核查不全面、不准确 | 工作前的安全注意事项等核查清楚。对施工场地、工作区域进行安全确认，人员或设备与周围带电部位必须符合规定的安全距离（220kV：3 米；500kV：5 米） |
| 2 | 工作地点不清、任务不清 | ①作业人员列队，工作负责人宣布工作内容<br>②作业人员必须明确工作内容、工作范围及安全措施 |
| 3 | 现场监护不到位 | ①设专职安保员<br>②作业人员互相监护、照顾和提醒 |
| 4 | 人身触电 | ①施工作业现场应设立围栏，不准超越围栏进入设备运行区；现场搬运工具，长、大物件必须与带电的设备保持安全距离并设专人监护<br>②低压交流电源应装触电保护器<br>③接线端子的绝缘护罩齐备，导线的接头须采取绝缘包扎措施<br>④严禁带电拆接电源线，使用合格的电缆和开关<br>⑤需站在干燥的绝缘物上工作时，应设专人监护<br>⑥必须使用有绝缘柄或采用绝缘包扎措施的工具 |

（续上表）

| 序号 | 安全风险 | 预控措施 |
|---|---|---|
| 5 | 火灾 | ①动火时，应有防止火灾的措施<br>②作业现场不得存放易燃易爆品<br>③现场配备充足的消防器材 |
| 6 | 登高人员高空坠落 | ①登高人员须持证上岗<br>②登高人员须使用双保险安全带<br>③雷雨天时严禁登高作业<br>④使用梯子应有人扶持或绑牢<br>⑤要按规定使用梯子 |
| 7 | 高空吊物 | ①严禁将物品上下抛掷<br>②吊车下面严禁站人<br>③施工作业现场设置遮拦及警示牌 |
| 8 | 临时遮拦的设备不便作业 | 临时遮拦的设备需在保证作业人员不误碰其他带电设备的前提下，方便作业人员进出现场和实施作业 |
| 9 | 电源短路或极性接反造成设备损坏 | ①作业时对裸露金属器具或电源头用绝缘胶布包好<br>②连接电源线及送电前都要充分验电，检查电源的极性，防止误接成48V电源<br>③进行电源方面的作业时应设专人监护 |
| 10 | 设备倾倒伤人 | ①搬动设备时应采取必要的防范措施<br>②机架临时停放应平稳<br>③机架固定要牢固可靠 |

（续上表）

| 序号 | 安全风险 | 预控措施 |
| --- | --- | --- |
| 11 | 工作负责人（监护人）参与作业，违反工作监护制度 | ①工作负责人（监护人）在全部停电或部分停电时，只有在安全措施可靠，人员集中在一个工作地点，确定无触电危险的情况下，方可参加工作<br>②专责监护人不得做其他工作 |
| 12 | 现场工作造成传输网运行业务中断 | ①现场施工，切实核对传输设备和端口名称及编号，防止误拔插或误碰<br>②及时更新现场的标签、标识 |
| 13 | 传输网管操作造成运行业务中断 | ①配置数据前，应仔细核查资源，做好数据备份<br>②出现数据冲突时，不准盲目操作，数据核查清楚后，再进行网管配置数据操作<br>③网管操作要细心谨慎，禁止急促、盲目操作 |
| 14 | 设备或仪器伤人 | 禁止用眼睛直视设备或仪器上的发光口或带发光源的光纤头 |
| 15 | 设备或仪器仪表损坏 | ①按规定正确操作仪表，特别注意仪表的正常工作范围，如光板的收光功率不能低于过载光功率<br>②移动设备或仪表时，应由两人或两人以上进行，工作监护人负责监督 |

## 3.2 施工前准备

### 3.2.1 人员配备

光传输设备安装前的人员配备要求详见表3－1：

表3－2 人员配备

| 工序名称 | 建议工作人数 | 负责人数 | 监护人数 |
|---|---|---|---|
| 作业准备 | 3 | 1 | — |
| 设备到货验收 | 3 | 1 | 1 |
| 机柜、设备安装 | 4 | 1 | 1 |
| 布放线缆 | 4 | 1 | 1 |
| 设备通电检查 | 4 | 1 | 1 |

### 3.2.2 工具及器材准备

工程安装所需的工具和仪表应该准备齐全，仪表应经国家计量部门调校合格，以满足安装设备的需要。需要准备的工具及器材如图3－2所示：

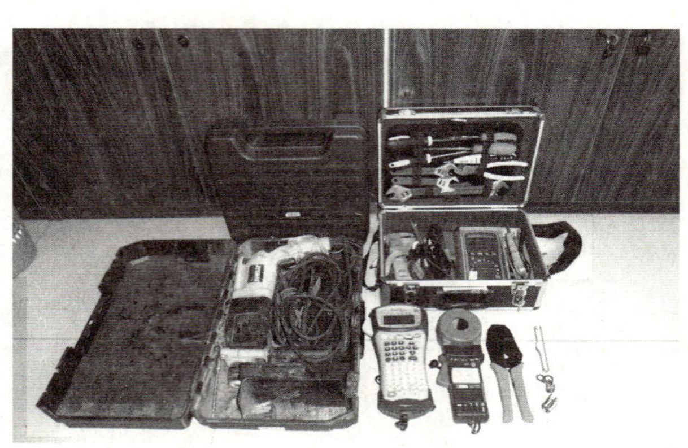

图3－2 设备安装所需的工具及器材

光传输设备安装所需要的工具及仪器仪表配备清单如表3－3所示：

表3－3 工具及仪器仪表配备表

| 工具或器材类型 | 名称 | 单位 | 数量 |
|---|---|---|---|
| 通用工具 | Ⅰ号十字螺丝刀 | 把 | 1 |
| | Ⅱ号十字螺丝刀 | 把 | 1 |
| | Ⅰ号一字螺丝刀 | 把 | 1 |
| | Ⅱ号一字螺丝刀 | 把 | 1 |
| | 斜口钳 | 把 | 1 |
| | 尖嘴钳 | 把 | 1 |
| | 活动扳手 | 把 | 1 |
| | 老虎钳 | 把 | 1 |
| | 电烙铁 | 把 | 1 |
| | 焊锡丝 | 条 | 1或以上 |
| | 助焊剂 | 瓶 | 1或以上 |
| | 绝缘胶布 | 块 | 1或以上 |
| | 壁纸刀 | 把 | 1 |
| | 电工刀 | 把 | 1 |
| | 记号笔 | 支 | 1 |
| | 尖头镊子 | 把 | 1 |
| | 卷尺 | 盘 | 1 |
| | 无水酒精 | 瓶 | 1 |
| | 无尘纸 | 张 | 1或以上 |
| | 同轴自环电缆 | 条 | 1 |
| | 剥线钳 | 把 | 1 |
| | 压线钳 | 把 | 1 |
| 常用仪表 | 试电笔 | 支 | 1 |
| | 接地电阻测试仪 | 台 | 1 |
| | 万用电表 | 台 | 1 |
| | 标签机 | 台 | 1 |

（续上表）

| 工具或器材类型 | 名称 | 单位 | 数量 |
|---|---|---|---|
| 施工用具 | 长卷尺 | 盘 | 1 |
| | 直尺 | 把 | 1 |
| | 水平尺 | 把 | 1 |
| | 撬杠 | 条 | 1 |
| | 羊角榔头 | 把 | 1 |
| | 冲击钻 | 把 | 1 |
| | Φ16 钻头 | 个 | 1 |
| | Φ6 钻头 | 个 | 1 |
| | 扳手 | 把 | 1 |
| 配套工具 | 长螺丝刀 | 把 | 1 |
| | SC/PC 光纤拔纤器 | 台 | 1 |

### 3.2.3 设备到货验收

（1）根据设备采购合同和设备装箱（验货）清单对到货设备进行开箱验收，要求检查板卡硬件外观，并检查合格证书、技术手册是否齐全。

（2）设备数量、型号和规格应与设备采购清单以及货物装箱清单一致。验货完毕，用户代表和安装督导在装箱单上签字确认并给双方保留，再收集出厂证明和技术图纸资料，检查完毕后填写表格（见表 3－4）。

表 3－4 设备到货验收检查项目

| 序号 | 检查项目 | 测试要求 | 测试方法 | 检查结果 |
|---|---|---|---|---|
| 1 | 机柜色谱 | RAL7035 色 | 与色板比较 | |
| 2 | 机柜外观尺寸 | 合同参数 | 用尺测量 | |
| 3 | 机柜结构 | 眉头为垂直平面型 | 目测 | |
| | | 顶部、底部留有 80mm × 200mm 电缆进出口 | 用尺测量 | |
| | | 安装固定螺钉孔 | 目测 | |
| | | 机柜前后有眉头 | 目测 | |
| 4 | 机柜散热性 | 机柜门的网孔结构 | 目测 | |
| 5 | 标识对称性 | 开关标识与接线端子标识一致 | 目测 | |
| 6 | 设备板卡配置（核对装箱单） | 板卡型号和数量 | 核对 | |
| | | 线缆数量 | 核对 | |
| | | 配品配件 | 核对 | |
| 7 | 接地要求 | 5mm × 30mm 接地铜排 | 目测 | |
| | | 接地点应用铜螺母 | 目测 | |

（3）在开箱过程中，如发现货物有损坏，应上报建设单位和监理单位，同时要注意收集相关证据。

### 3.2.4 施工环境要求

在设备安装前必须保证机房环境达到要求，对于不符合要求的地方，应按要求进行整改。环境要求如图 3－3 所示：

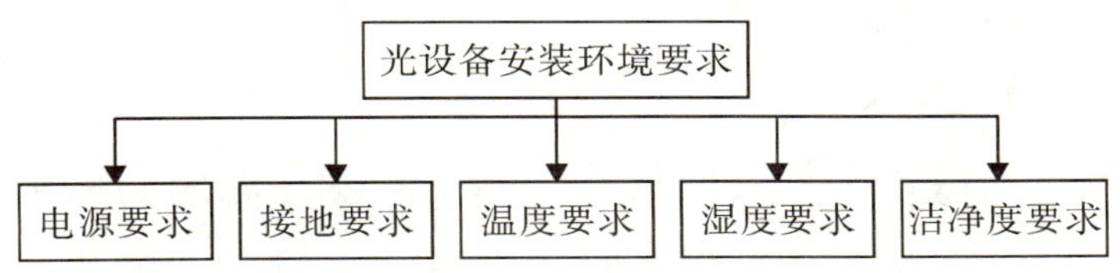


图 3－3 光设备安装环境要求项目

#### 3.2.4.1 电源要求

为保证SDH设备能正常工作，电源必须满足两点要求：①电压标称值：-48 VDC；②波动范围：-57 VDC ~ -40 VDC。

测量方法：通过万用表对机房内通信电源进行测量。

#### 3.2.4.2 接地要求

为保证光传输设备能正常工作，接地电阻应根据不同情况满足其要求。

（1）当用户机房采用单独接地时，接地电阻应满足以下要求：

① -48 V GND 的接地电阻：小于或等于4Ω；

②系统工作地的接地电阻：小于或等于1Ω；

③防雷保护地的接地电阻：小于或等于3Ω。

（2）当用户机房采用联合接地时，接地电阻应小于或等于0.5Ω。-48 V GND 、系统工作地、防雷保护地三者之间的电压差应小于1V。

注意事项：

（1）在变电站内，通信机房的接地方式通常可视为联合接地。

（2）在变电站内，通信机房内接地电阻的测量值一般为设备接地点与机房接地点之间的距离。

测量方法：通过接地电阻测试仪对接地点进行测量。

#### 3.2.4.3 温度要求

温度过高或过低均会使设备可靠性降低。高温还会加速绝缘材料的老化，在长期的高温环境下运行会影响设备的寿命。为保证光传输设备良好的工作状态，机房内温度必须满足一定的

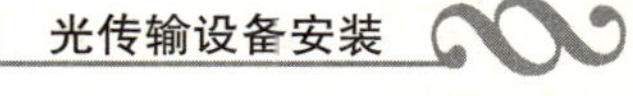

要求。

工作温度一般为：0℃ ~40℃，具体温度要求需根据实际情况而定，如某通信机房技术规范要求：一类通信主机房温度控制在20℃ ~25℃ ±2℃，二类通信主机房温度控制在18℃ ~28℃，内温度变化率<5℃ /h。

具体测量方法：通过温度计读取。

注意事项：

（1）温度测试点分布如图3 –4所示，每个测试点数据均为房间的实测温度，各点应符合要求。

（2）温度的测试点应选择离地面2m高、距设备0.4m以外处，并应避开出风口、回风口。

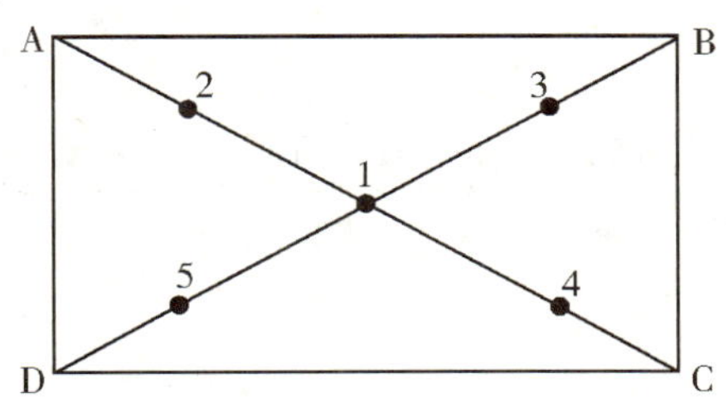


**图3 –4　机房温度测试点分布图**

注：测试点位置2、3、4、5均应选在A—1、B—1、C—1、D—1中心点附近。

### 3.2.4.4　湿度要求

湿度过高会引起某些绝缘材料绝缘不良甚至引起漏电，使设备的各种金属部件锈蚀。湿度过低容易产生静电，有时还会因绝缘垫片干缩而引起紧固螺丝的松动。为保证光传输设备良好的工作状态，机房内湿度必须满足一定的要求。

一般相对湿度为5% ~90%，具体湿度要求需根据实际情况而定，如某通信机房技术规范要求：一类通信主机房相对湿度控制在 45% ~ 55% ± 10% ，二类通信主机房相对湿度控制在 35% ~75%。在特别干燥或潮湿的季节和地区，务必使用有效手段把相对湿度控制在5% ~90%。

测量方法：通过温湿度计读取，测试点分布可参照图 3 －4 机房温度测试点分布。

#### 3.2.4.5 洁净度要求

洁净度包括空气中的尘埃和空气中所含的有害气体两方面。为保证光传输设备能正常工作，机房洁净度必须满足以下的要求：

（1）传输设备机房内无爆炸、导电、导磁性及腐蚀性尘埃。

（2）传输机房内无腐蚀性金属和破坏绝缘的气体，如 $SO_2$、$NH_3$ 等。

（3）机房经常保持清洁，并保持门、窗密封等。

具体测量方法：通过目测或擦拭表面等方法来检验。

## 3.3 设备安装

### 3.3.1 基本概念

光传输设备安装的内容包括机架、机柜的安装，电源、地线的布放，以及内部、外部线缆的布放等工作。其中实线部分为工程硬件的安装内容，如图 3 －5 所示：

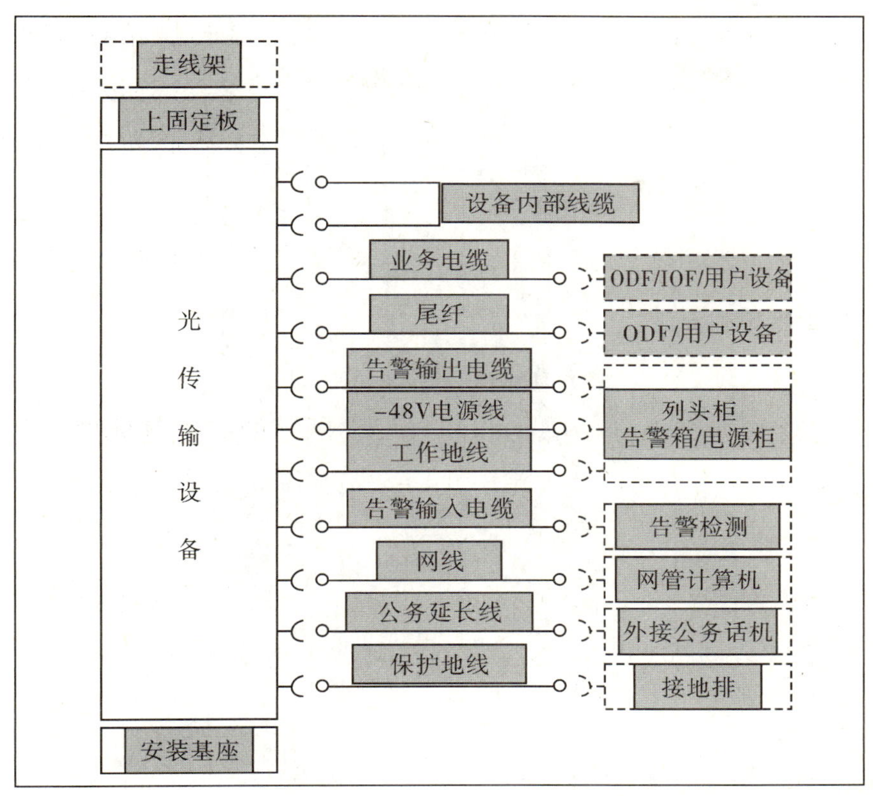


图3－5 光传输设备安装整体示意图

## 3.3.2 作业对象

此项工作主要针对在新建、扩建或改建工程中SDH光传输设备的安装，包括机柜安装、设备组装、线缆安装等。其作业对象是如图3－6所示的光传输设备：

图 3-6　光传输设备

### 3.3.3　作业现场

在通信机房内进行光传输设备的安装，安装现场如图 3-7 所示：

图 3-7　光传输设备的安装现场

#### 3.3.3.1 硬件安装

设备安装施工的内容根据具体工程情况会有所不同，通常光传输设备的硬件安装内容如图 3－8 所示：

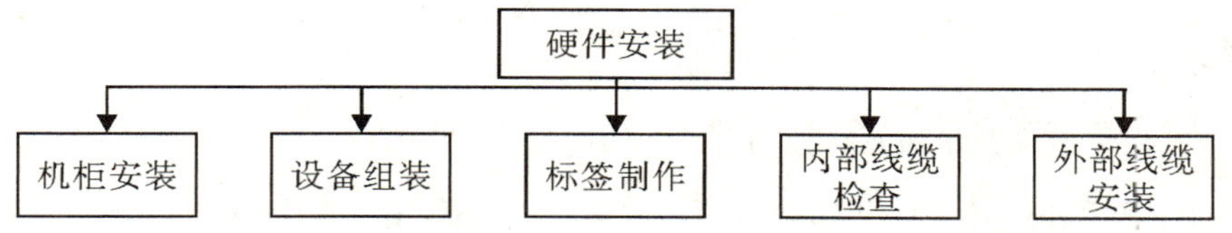


图 3－8 光传输设备的硬件安装内容

1. 机柜安装

机柜安装流程如图 3－9 所示：

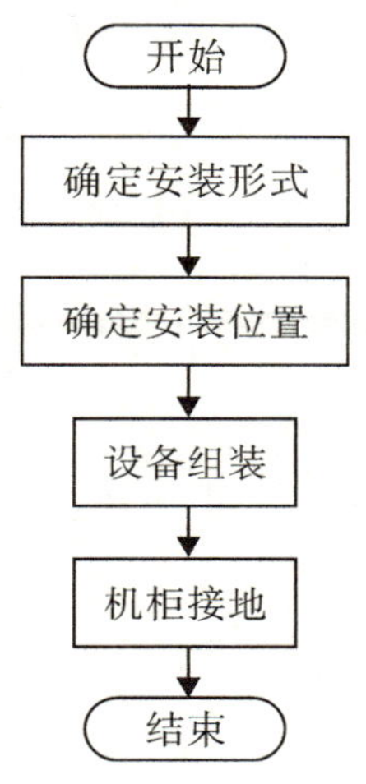


图 3－9 机柜安装流程图

（1）确定安装形式：通常光传输设备机柜可采用直接安装或带基座安装两种安装形式，我们将根据机房环境进行确定。

针对不同的地面条件，安装形式又可以分为混凝土地面安装、木地板安装和架空地板安装三种。其中混凝土地面安装和木

地板安装属于直接安装，架空地板安装属于带基座安装。

（2）确定安装位置机柜的定位应考虑方便进行维护、地面承重均匀、便于安装和系统扩容等因素。基本要求如下：

①机柜的排列、安装位置及方向应当符合工程设计图纸的要求；

②机柜与墙面之间的间隔应大于800mm；

③两排并排的机柜间的间隔应大于800mm，两排面对面的机柜间的间隔应大于1 000mm；

④光传输设备机柜最好能位于ODF柜和综合配线柜的中间位置，以便于外部线缆的布放。

以下为两种安装形式的距离要求：

①矩阵形式安装时的距离要求如图3－10所示：

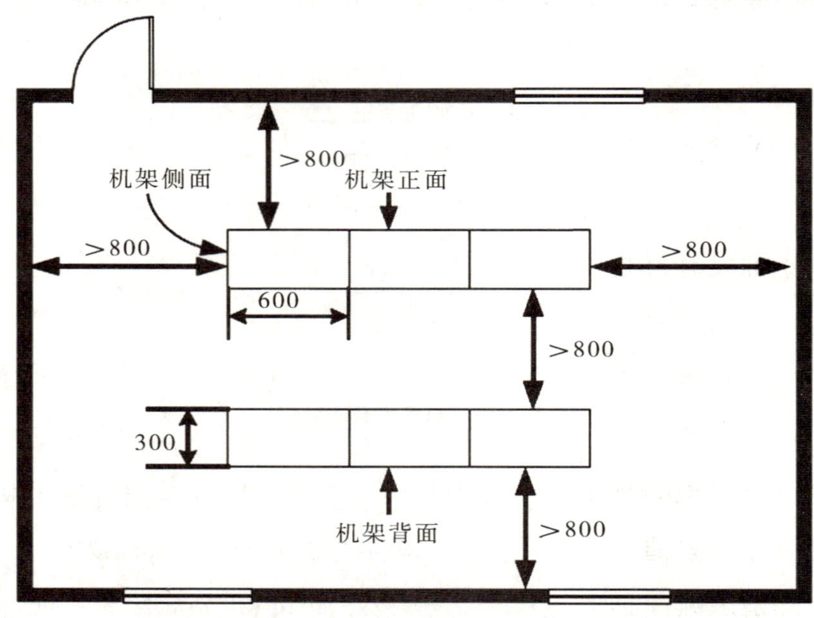


图3－10　矩阵形式安装时的距离要求（单位：mm）

②机架面对面安装时的距离要求如图 3－11 所示：

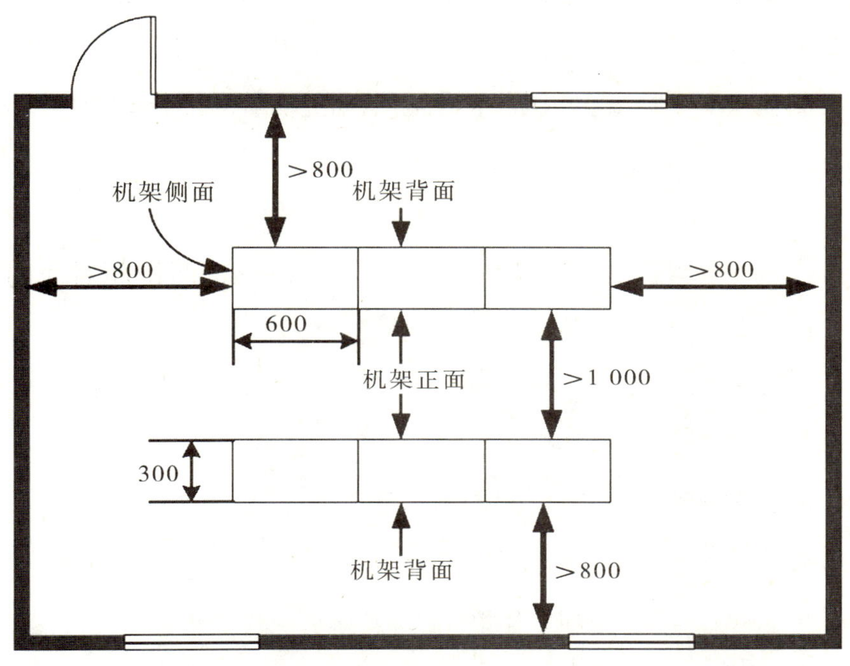


**图 3－11 机架面对面安装时的距离要求（单位：mm）**

（3）机柜安装：为保证机房内设备机柜的整齐和牢固，机柜安装必须满足以下要求：

①铺设有架空防静电地板的机房，机柜必须安装在笼式底座铁件上，而不允许直接安装在活动地板上；

②检查水平度，安装已经制作好的底座铁件，底座与地面间隙应用金属片垫实，垫片应不超过三层，否则需更换厚垫片；

③以机柜的侧边为准边用线锤或水平尺反复测量，调整相邻两竖直面的垂直度，同时兼顾水平。允许设备垂直偏差为 1‰，设备间前后偏差小于 3mm，调整后应及时紧固螺丝。

注意事项：

在机柜的安装固定过程中，应至少有三人合作搬抬，还可借助其他特殊的搬运工具。

图 3－12 为混凝土地面不带地脚的安装示意图：

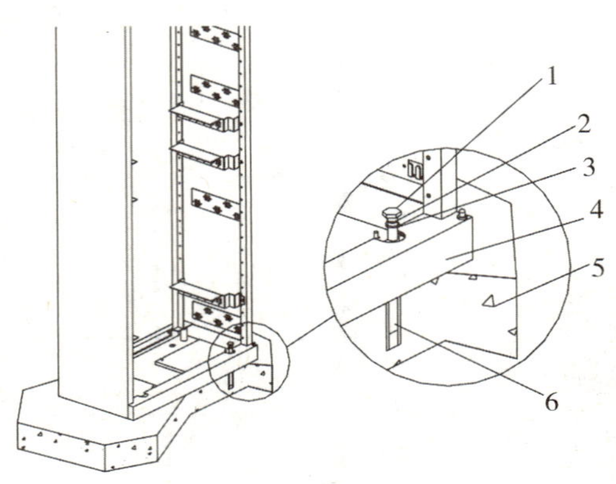


**图 3－12 混凝土地面不带地脚的安装示意图**

注：1. 螺母 2. 弹簧垫圈 3. 平垫圈 4. 机柜 5. 混凝土地面 6. 膨胀螺栓

机柜安装效果如图 3－13 所示：

**图 3－13 机柜安装效果示意图**

（4）机柜接地。

机柜接地分为机柜设备接地和机柜门接地：

①机柜设备接地：设备就位后，应就近引接地线，地线汇流排与设备间的接地线的横截面积应大于25$mm^2$，材料应为多股裸铜线。机柜接地的接地线如图3－14所示：

图3－14 机柜接地的接地线示意图

②机柜门接地：机柜门接地的接地线使用6$mm^2$的电缆连接到机柜门板接地螺栓上。机柜门接地的接地线如图3－15所示：

图3－15 机柜门接地的接地线示意图

注意事项：

电缆应采用铜鼻子连接，铜鼻子的材料应与电缆相吻合，拨露的铜线长度适当，并保证铜缆芯完整地接入铜鼻子的压接管内，严禁损伤和剪切铜缆芯线。图 3 – 16、图 3 – 17 分别显示了正确的与错误的铜鼻子连接方法：

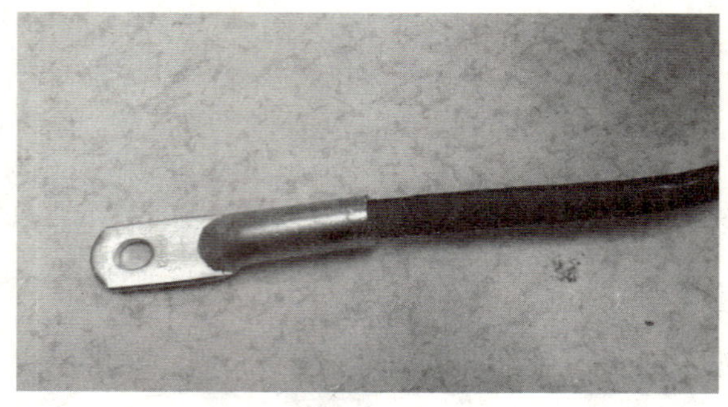

图 3 – 16　正确的铜鼻子

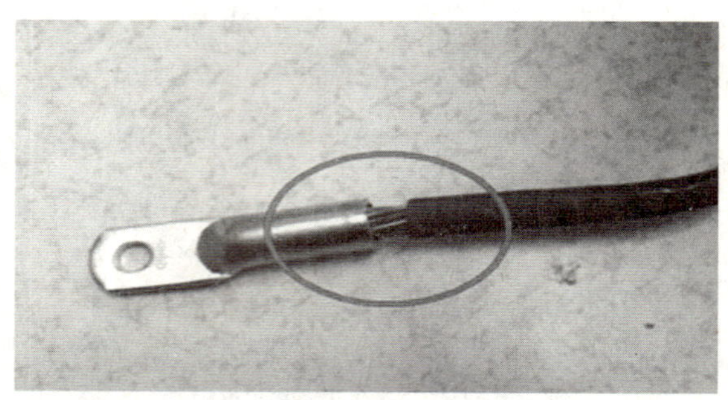

图 3 – 17　错误的铜鼻子

2. 设备组装

通常情况下，光传输设备在出厂前已经组装好内部的各个部件，设备单板和连线均插接完毕，所以安装施工时无须进行设备机箱内的部件组装。但是由于设备运输的原因，可能需要对部分

设备进行再次组装，并将设备的螺丝重新紧固或将插件重新插紧。设备组装的内容如图 3 – 18 所示：

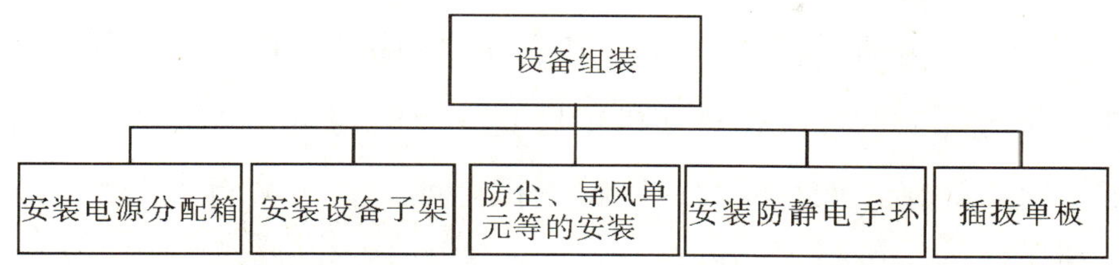


**图 3 – 18 设备组装的内容**

（1）安装电源分配箱。

安装电源分配箱的步骤如下：

①将电源分配箱放到机柜内最上方的安装托架上，使安装支耳上的定位孔对准机柜后立柱上的定位销；

②将电源分配箱完全推入机柜内，使定位销完全插入定位孔后，拧紧安装支耳上的松不脱螺钉，使电源分配箱与机柜间可靠、固定。

电源分配箱的安装操作如图 3 – 19 所示：

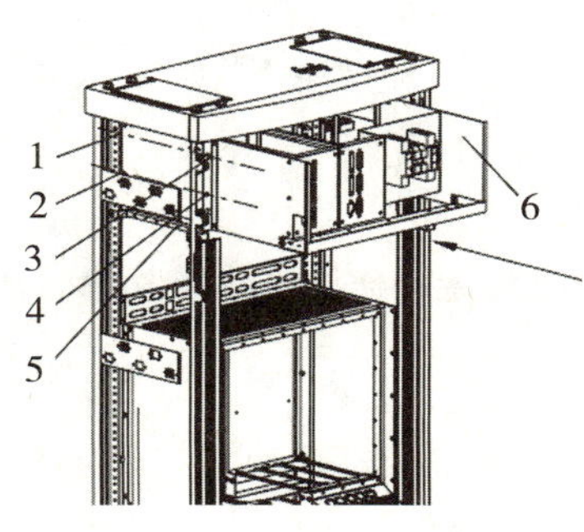


**图 3 – 19 电源分配箱的安装示意图**

注：1. 机柜螺孔 2. 定位销 3. 松不脱螺钉 4. 定位孔 5. 子架安装托架 6. 电源分配箱

（2）安装设备子架。

安装设备子架步骤如下：

①将光传输设备子架按指定位置放到机柜内的安装托架上，使安装支耳上的定位孔对准机柜后立柱上的定位销。装入时应保证平直、顺畅，如有滞涩，应检查机柜或设备子架有无变形，不可使用蛮力，以免损伤设备；

②将光传输设备子架完全推入机柜，使定位销完全插入定位孔后，拧紧安装支耳上的松不脱螺钉，使设备子架与机柜间可靠、固定。

光传输设备子架的安装操作如图 3－20 所示：

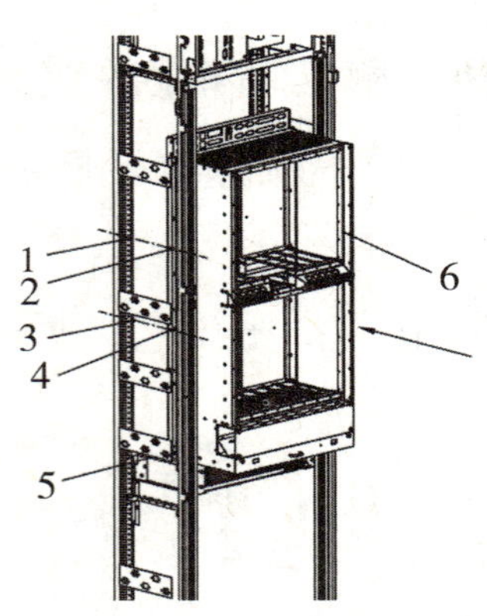


**图 3－20　光传输设备子架的安装示意图**

注：1. 机柜螺孔　2. 松不脱螺钉　3. 定位销　4. 定位孔　5. 子架安装托架　6. 设备子架

（3）防尘、导风单元等的安装。

防尘、导风单元的安装操作与设备子架的安装类似，此处不

再赘述。

注意事项：

拆装风扇时，在风扇断电并停止转动之前，切勿将手指或工具伸入运行中的风扇内，以免对人体造成伤害或损坏设备。

（4）安装防静电手环。

安装防静电手环的步骤如下：

①机柜安装完毕后，应当将防静电手环的插头插入防静电手环插孔；

②手环在不使用时应当挂在前门内侧的挂钩上。

防静电手环的安装操作如图 3－21 所示：

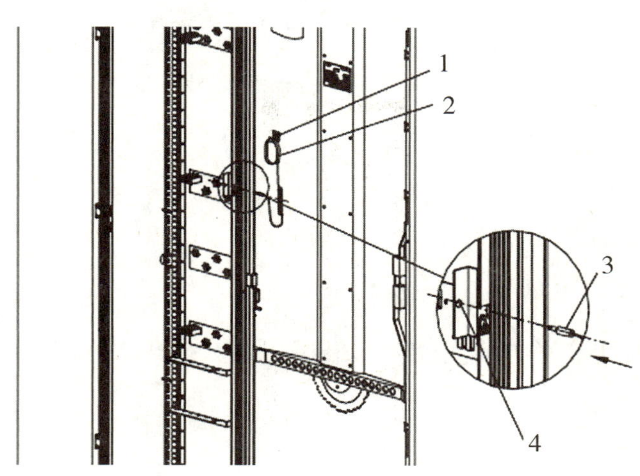


图 3－21　防静电手环的安装示意图

注：1. 防静电手环挂钩　2. 防静电手环　3. 防静电手环插头　4. 防静电手环插孔

安装防静电手环效果如图 3 －22 所示：

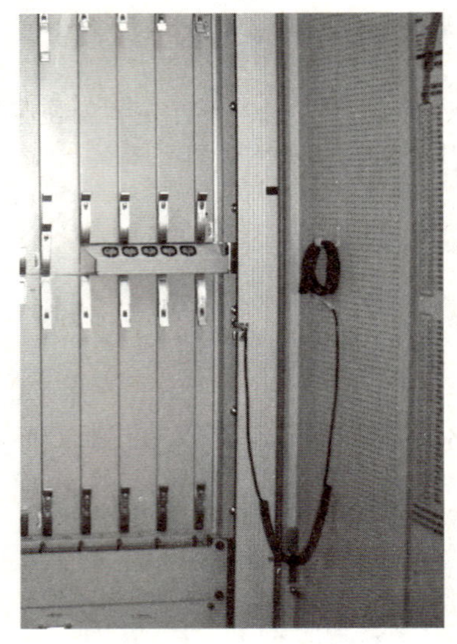

**图 3 －22　安装防静电手环效果图**

（5）插拔单板。

①插单板时步骤如下：

a. 按下扳手簧片，把扳手放到水平位置，两手分别抓住单板的上、下扳手，将单板对准导轨小心推入；

b. 在单板将要到位时，将扳手上的卡口卡住子架的前横梁，两手同时适度用力向上、向下推压单板扳手，直至单板扳手直立；

c. 簧片发出“咔嗒”的锁定声，此时单板面板应与机箱单板区的外框齐平，插板操作完成。

插单板的步骤如图 3－23 所示：

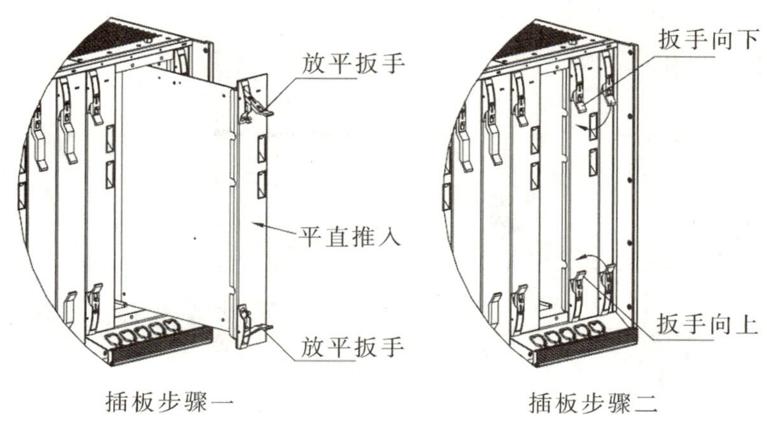


**图 3－23 插板示意图**

②拔单板时步骤如下：

两手分别抓住单板的上、下扳手，按下扳手簧，两手同时适度用力向上、向下扳动单板，使其被平滑地拉出插槽。拔单板的步骤如图3－24所示：

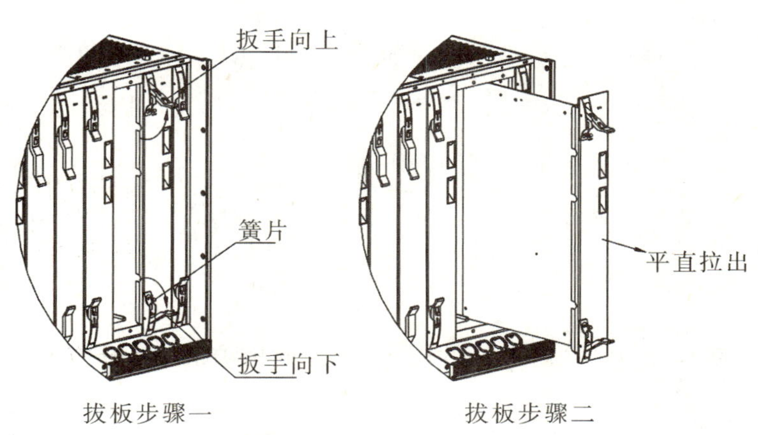


**图 3－24 拔板示意图**

注意事项：

a. 由于单板内有大量 CMOS 元件，接触单板时必须佩带防静电手环（见图 3－25、图 3－26）；

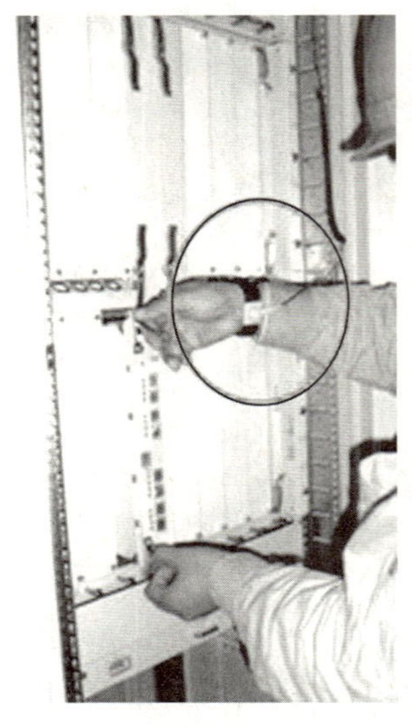

图 3－25　佩带防静电手环（正确）

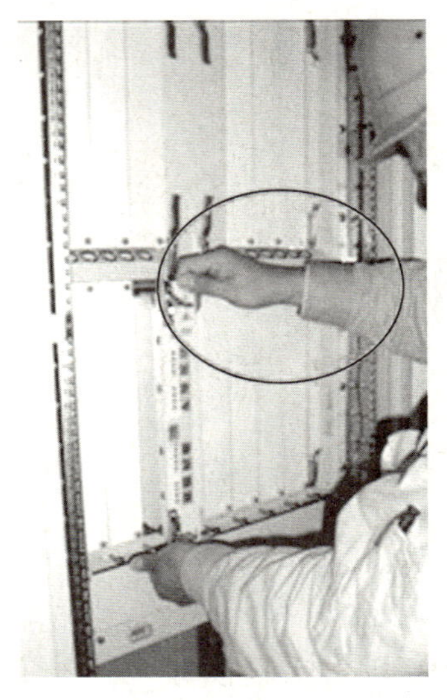

图 3－26　未佩带防静电手环（错误）

b. 当单板从一个较干燥、温度较低的地方被拿到较潮湿、温度较高的地方时，必须等待 30 分钟后才能拆封和安装，否则潮气容易凝聚在单板表面，导致单板受损；

c. 插装单板时应注意保持单板平直、力度适中，避免折弯插针，在插装光接口板时，要特别注意不要损伤光纤接口和板内盘纤。

3. 标签制作

为使线缆、尾纤的连接关系清晰、明确，便于设备的调试与维护，应对设备、连接线缆和配线架等进行必要的标识。标签制作包括各种标签的制作和粘贴，具体如下：

（1）在机柜前后的眉头进行机柜的标识，如图 3 －27 所示：

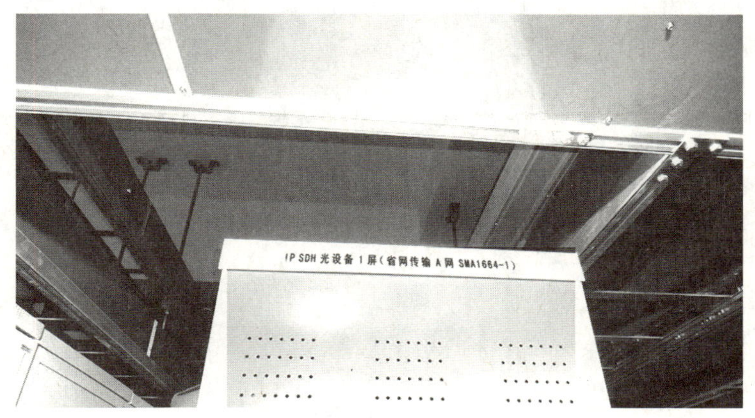


图 3 －27　在机柜前后的眉头进行机柜的标识

（2）在设备面板上合适的位置，或者在设备前下方安装专门的 19 英寸标签横条上进行设备标识，如图 3 －28 所示：

图 3 －28　在设备前下方安装专门进行设备标识

（3）在跳线与连接设备端口约 10cm 处进行跳线标识，图 3 －29、图 3 －30 所示的分别是正确的和错误的跳线标识：

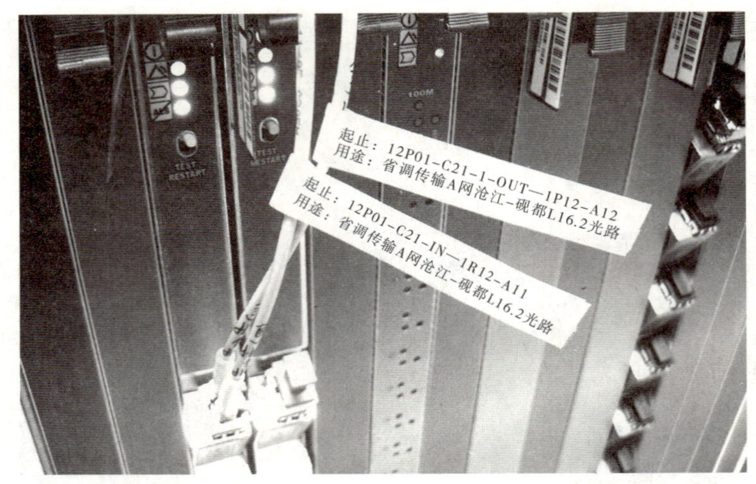


图 3-29　正确的跳线标识

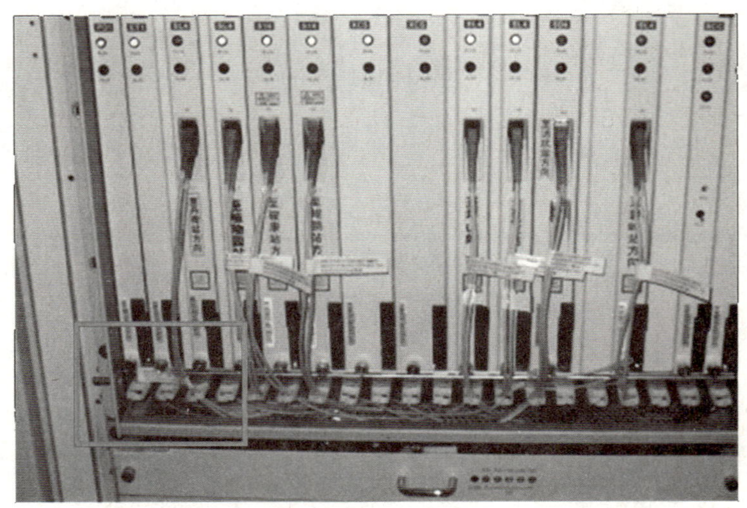

图 3-30　错误的跳线标识

（4）在电源线与连接设备端口约 10cm 处进行电源线标识。

具体命名及标识请参考相关的通信设备命名及标识技术规范。

注意事项：

①标签粘贴前应清洁粘贴位置，保证没有灰尘和异物；

②粘贴过程中注意不可触摸标签的粘贴面，以防标签粘贴不牢；

③粘贴电缆和尾纤的标签时，应将线缆平放在贴纸中央，然后对折贴纸两端，使粘贴面相对粘在一起，要求对折整齐；

④粘贴后应注意将两个粘贴面连接的根部左右折一下，或采用碾压等办法压紧，防止贴纸根部开叉。

4. 内部线缆检查

内部线缆的两端都在设备机柜内部进行连接，这些电缆通常在出厂前就已经安装好。在硬件安装时，应对内部线缆进行检查。具体检查事项如下：

（1）按照光传输设备安装手册所述的内部线缆连接关系表，检查线缆的连接关系是否正确。

（2）检查线缆上是否贴有标识及标识是否正确、清晰。

（3）检查线缆插头插接是否可靠、到位，插头的紧固螺钉是否拧紧。如发现有插头损坏、松动，线缆划伤等情况，应尽快修复或重新配线。

（4）检查线缆的绑扎是否整齐、可靠，布线是否整洁。

5. 外部线缆安装

外部线缆是指光传输设备与外部设备相连的线缆。外部线缆需要现场安装，外部线缆的安装包括外接电源线、地线、业务电缆、辅助业务电缆、网线、尾纤、外接告警线和外接时钟电缆的安装。外部线缆安装要点如图 3－31 所示：

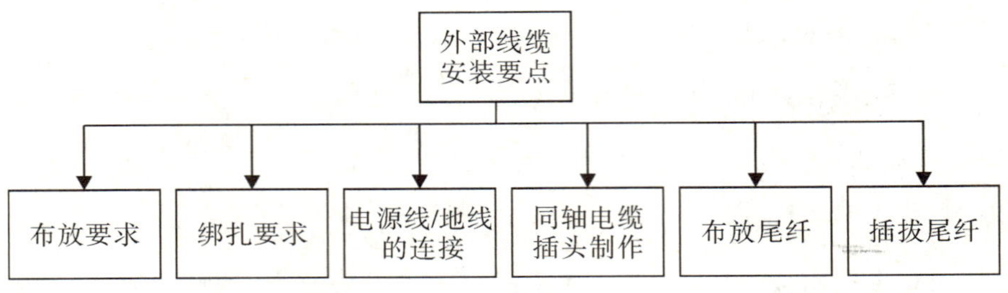


图 3－31　外部线缆安装要点结构图

（1）布放要求。

①线缆布放长度应根据实际位置而定，布放后的线缆不得有断线和中间接头；

②在走线槽中线缆应顺直排放整齐，拐弯均匀、圆滑。外径不大于 12 mm 的线缆弯曲半径应不小于 60 mm，外径大于 12 mm 的线缆弯曲半径应不小于其外径的 10 倍；

③光纤（尾纤）、电缆、电源线在同一槽道中布放时，每种线缆应分开布放、各走一边，不可交叠或混放；

④一缆线的两端应有相同或相对应的标示牌。

（2）绑扎要求。

外部线缆的绑扎主要有以下五种情况，如图 3－32 所示：

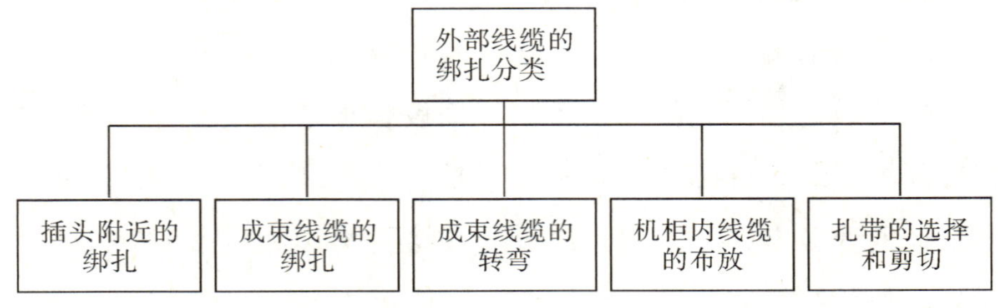


图 3－32　外部线缆绑扎情况

①插头附近的绑扎：插头附近的线缆应按布放顺序进行绑扎，以防止线缆互相缠绕。线缆绑扎后应保持顺直，水平线缆的扎带绑扎位置高度应相同，垂直线缆绑扎后应能保持顺直，并与地面垂直。如图 3 – 33 所示：

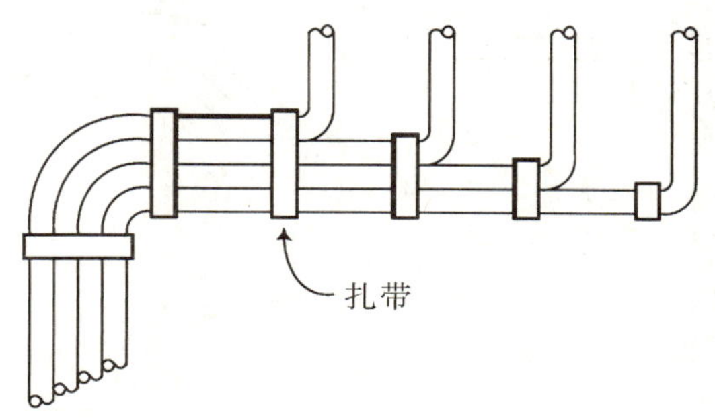


图 3 – 33 插头附近的扎带示意图

注意事项：

像 75Ω 2M 微同轴电缆、120Ω 2M 电缆等多芯电缆，如果接口区附近的电缆数目过多，可以将电缆分成多个小束后分别捆扎，捆扎时注意保持线束外观的平直和整齐。

②成束线缆的绑扎：线缆绑扎成束时，扎带间距应为线缆束直径的 3 ~4 倍。如图 3 – 34 所示：

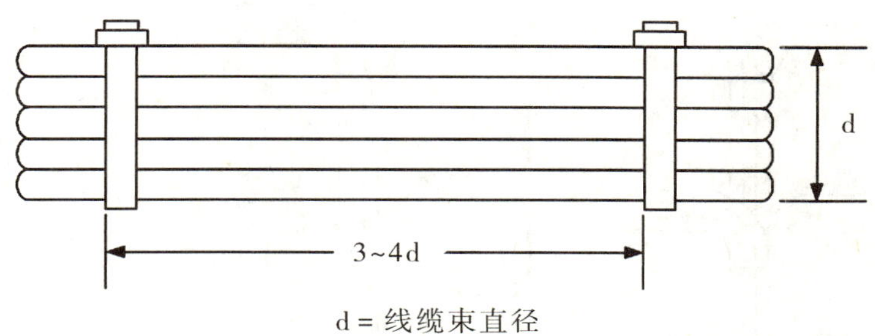


图 3 – 34 线缆绑扎成束时的扎带示意图

③成束线缆的转弯：绑扎成束的线缆转弯时，扎带应扎在转

角两侧，以避免在线缆转弯处用力过大造成断芯的故障，如图3－35所示右侧的小图是绑扎成束线缆的正确方法：

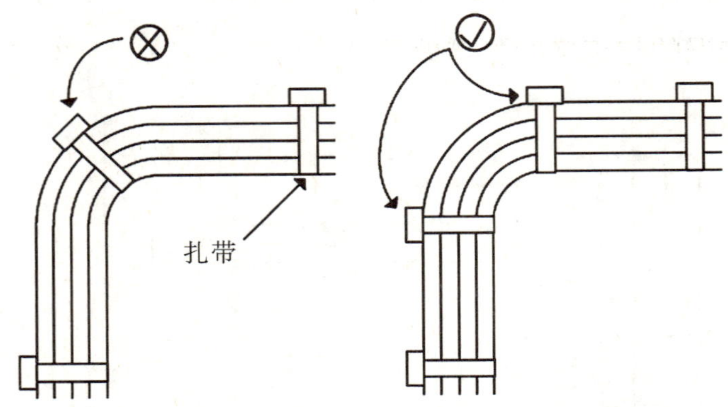


图3－35　成束线缆转弯时的扎带示意图

④机柜内线缆的布放：机柜内线缆应由远及近顺次布放，即最远端的线缆应最先布放，使其位于走线区的底层。布放时尽量避免线缆交错。如图3－36所示的第一个小图是布放机柜内线缆的正确方法：

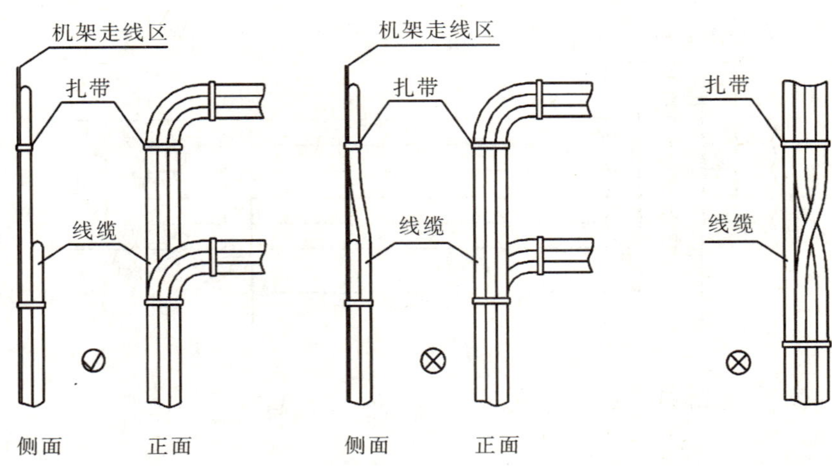


图3－36　机柜内线缆的布放要求示意图

⑤扎带的选择和剪切：选用扎带时，应视具体情况选择合适的扎带规格，尽量使用多根扎带连接后并扎，以免绑扎后强度降低。扎带扎好后应将多余部分齐根平滑剪齐，在接头处不得带有尖刺。错误的与正确的扎带效果分别如图 3 –37、图 3 –38 所示：

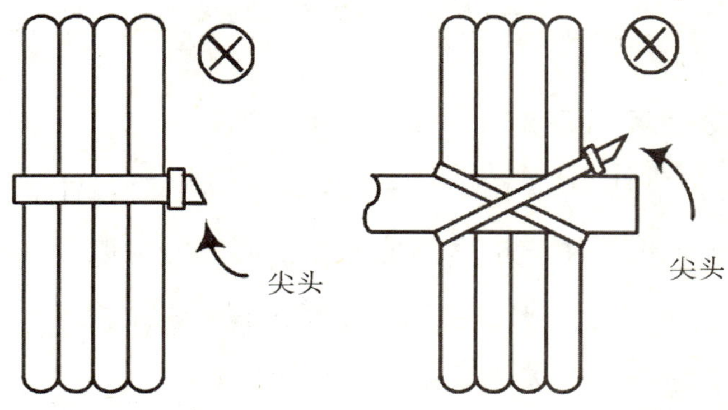


图 3 –37 错误的扎带效果图

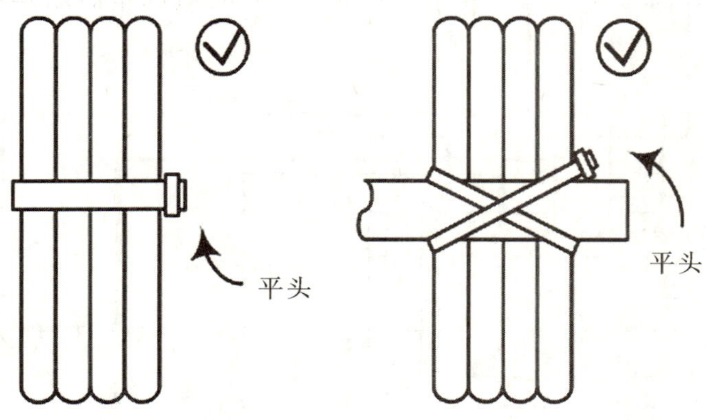


图 3 –38 正确的扎带效果图

（3）电源线/地线的连接。

电源线/地线的连接包括四部分内容，如图 3 –39 所示：

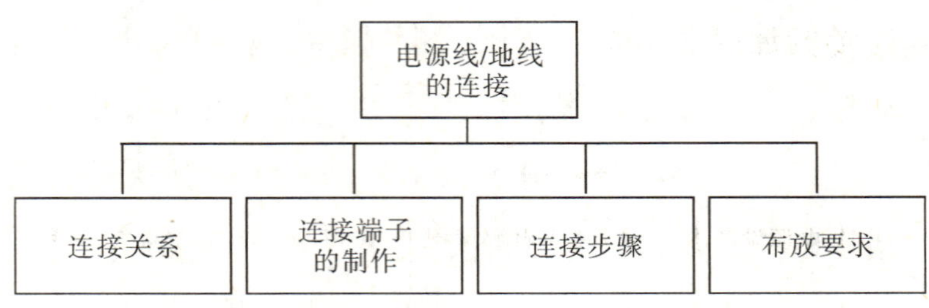


**图 3－39　电源线/地线连接的主要内容**

①连接关系：设备侧直接使用接线端子来接入外部电源，接线端子包括－48V 电源端子、－48V GND 地线端子和 PGND 保护地接线端子。根据用户机房接地网的不同，分为以下两种：

a. 单独接地：当用户机房采用单独接地时，光传输设备的外部电源线、地线连接关系如图 3－40 所示：

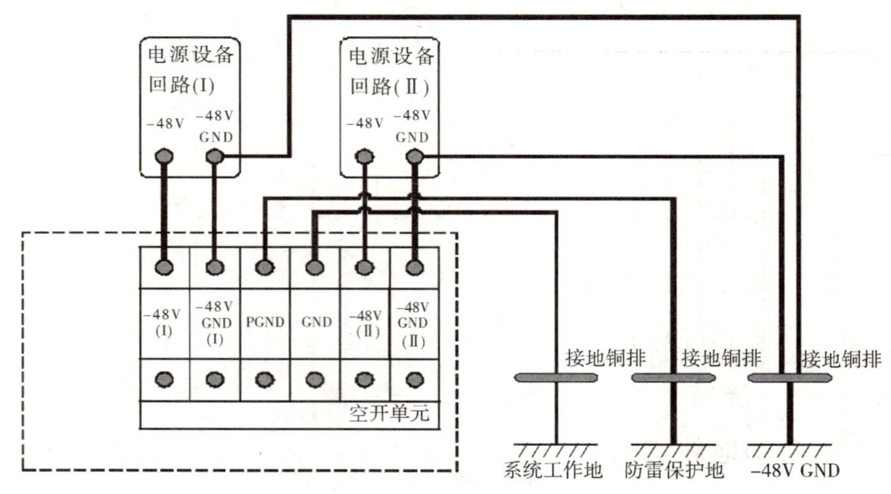


**图 3－40　单独接地连接示意图**

b. 联合接地：当用户机房采用联合接地时，如果用户机房分别提供－48V GND 铜排和保护地铜排，SDH 设备的外部电源线、

地线连接关系如图3－41所示：

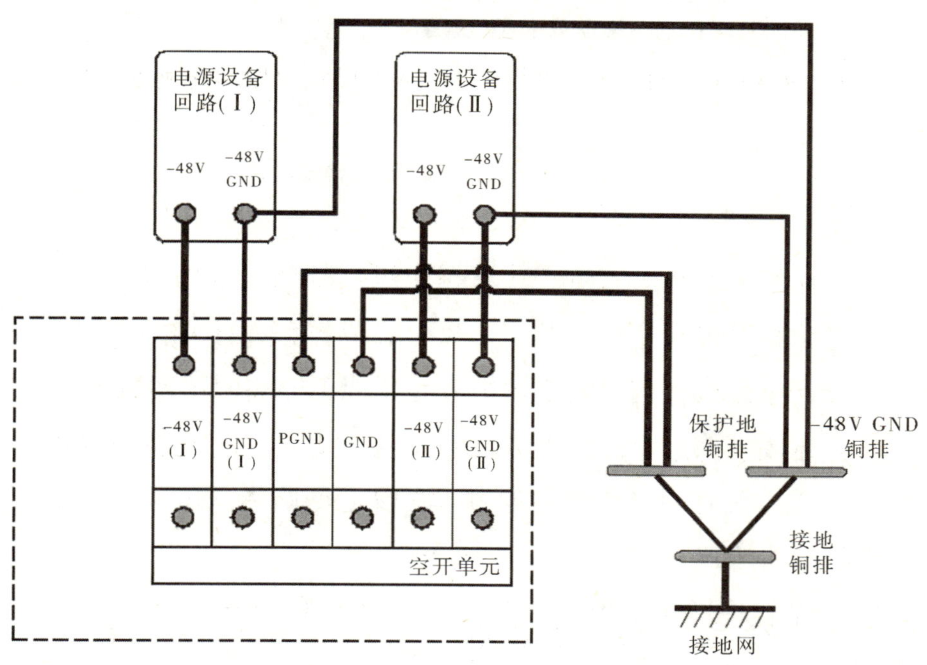


图3－41　联合接地连接示意图

②连接端子的制作：用户端如电源柜、列头柜，应按照对端设备的接线方式进行现场加工。而设备侧电源线、地线端子则可参照以下步骤进行制作：将－48V电源线（蓝线）端头的外皮剥去10mm，防雷地线（黄绿线）、系统工作地线（黄绿线）和－48V GND地线（黑线）端头的外皮剥去8mm。如图3－42所示：

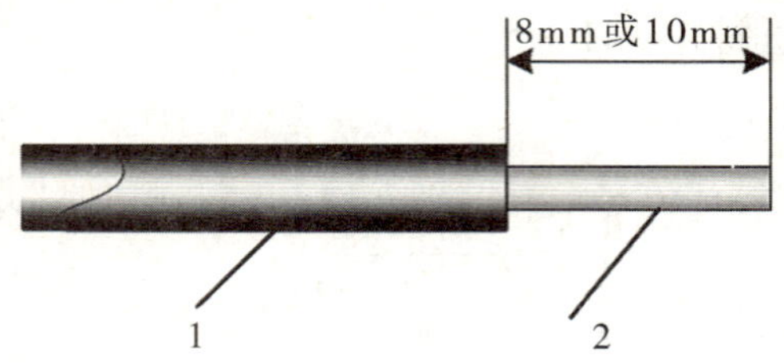


**图3－42　连接端子的制作示意图**

注：1. 线缆外皮　2. 线芯

注意事项：

设备电源线、地线一般采用16mm²或10mm²阻燃多股导线。

③连接步骤有以下四点：

a. 确定传输设备供电的电源设备供电回路端口位置，以及接地排的接线位置；

b. 结合现场实际情况，确定线缆走线路径及机柜的出线方式（上走线或下走线）；

c. 按照实际路径，裁剪电源线及地线，将电源线两端标识清楚，并按走线路径进行敷设；

d. 确认已切断为设备供电的回路开关及设备侧的电源开关，根据“连接关系”所述内容，将电源线、地线的设备端分别连接到电源分配箱中空开单元的相应端子。

注意事项：

严禁在带电情况下安装或拆除电源线。

④布放要求有以下两点：

a. 在电源线及地线的敷设过程中，应事先精确测量机房直流电源设备的接线端到机柜接线端子的距离，并预留足够的长度。如果在敷设的过程中发现电缆长度不够，应重新更换电缆敷设，

不得在线缆中间做接头；

b. 在同一槽道中布放尾纤、电缆和电源线时，电源线与尾纤、电缆应分开布放，各走一边，不可交叠或混放，尾纤应放在电缆上方。

注意事项：

如果有特殊要求需要使用交流电源时，交流电源线和直流电源线间至少应保持 50 mm 的间隔。

（4）同轴电缆插头制作。

同轴电缆插头制作前的各构件示意图如图 3－43 所示：

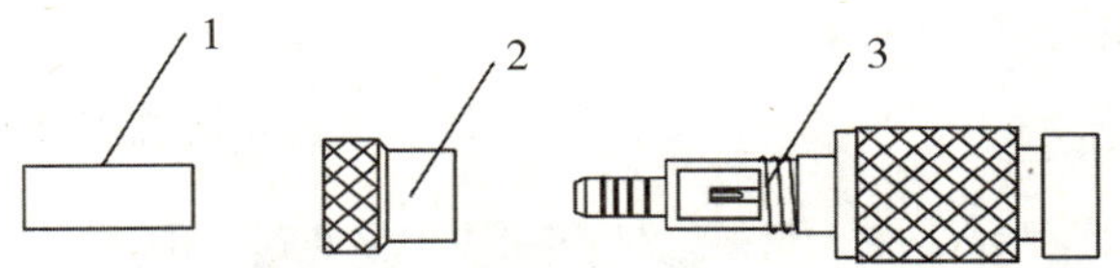


**图 3－43 同轴电缆插头制作前的各构件示意图**

注：1. 压接套 2. 同轴帽 3. 同轴头

同轴电缆插头制作步骤如下：

①先将压接套、同轴帽套在电缆上，对电缆进行剥头，芯线上锡，屏蔽层向外分开，方便插头压接部位的插入，如图 3－44 所示：

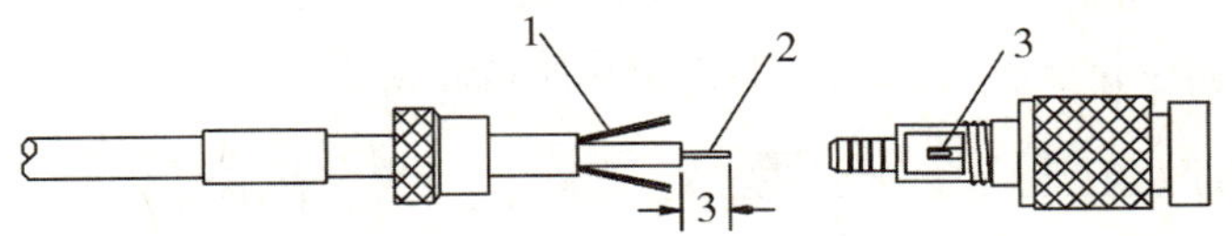


**图 3－44 同轴电缆插头制作步骤一**

1. 屏蔽层 2. 芯线上锡 3. 焊脚

②将电缆芯线及绝缘层穿入插头内部，芯线与焊脚部位焊接，使屏蔽层将插头尾部压接部位均匀地包住，如图 3－45 所示：

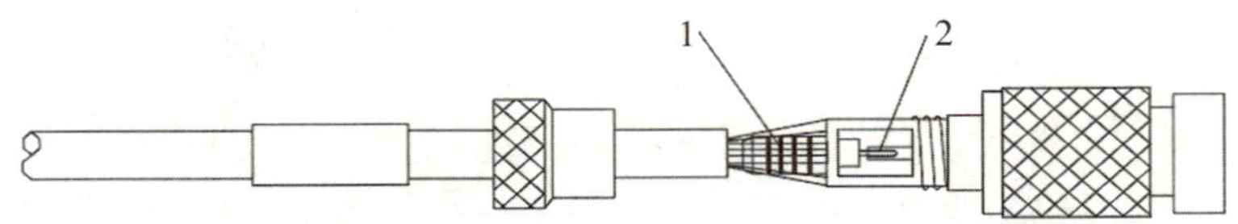


**图 3－45　同轴电缆插头制作步骤二**

注：1. 屏蔽层包住压接部位　2. 芯线与焊脚部位焊接

③安装好压接套，用压接钳压接好即可，制作步骤与成品效果如图 3－46、图 3－47 所示：

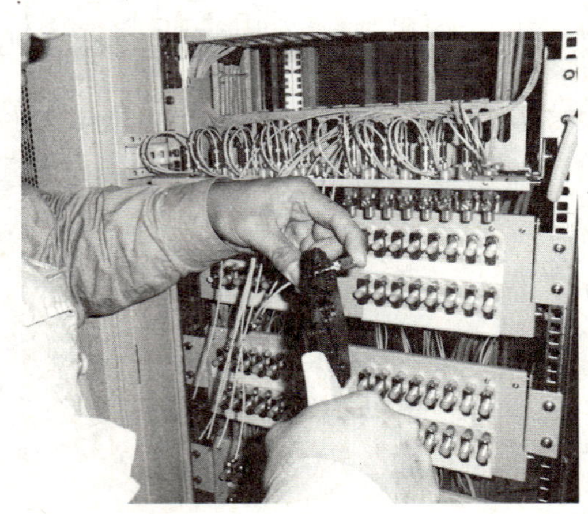

**图 3－46　同轴电缆插头制作步骤三**

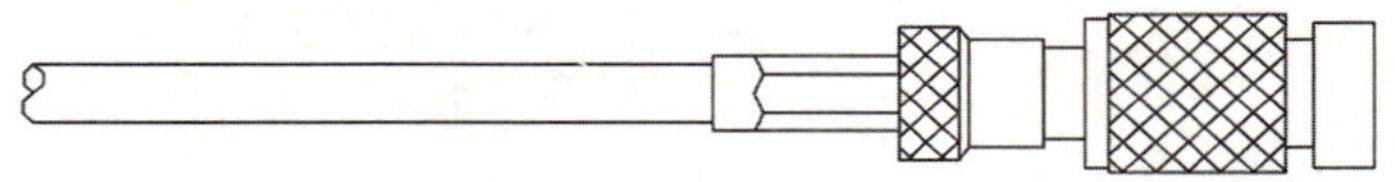

**图 3－47　同轴电缆插头制作完成效果图**

（5）布放尾纤。

布放尾纤的要点：

①尾纤进入机柜处必须套软塑料管来进行保护，如图 3－48 所示：

图 3－48　尾纤套软塑料管保护

②尾纤应单独固定，尽可能地不与其他线缆捆在一起；

③尾纤不论在何处转弯，都要保证最小弯曲半径大于 38mm；

④尽可能地减少尾纤的捆扎次数；

⑤防止尾纤连接头的防污帽意外脱落，在尾纤连接后，防污帽应装入塑料袋，放置于明显位置；

⑥尾纤两端的标示牌应以起点、终点、用途等说明作标注；

⑦多余的尾纤应分别在两端机柜内明显处或专用的盘绕构件上盘放，如图 3－49 所示：

图 3－49　多余尾纤的盘放

（6）插拔尾纤。

根据尾纤的种类，插拔尾纤可分为以下两类：

①插拔 SC/PC 尾纤。步骤如下：

a. 插尾纤前，先用无尘纸蘸无水酒精清洗尾纤接头，清洗时应注意小心地单向擦拭；

b. 插尾纤时，用拇指和食指捏住尾纤插头，将插头上的定位块向右对准光板上的光接口，适度用力插入，避免损伤光适配器的陶瓷内管或者插头端面；

c. 拔尾纤时，用 SC/PC 尾纤拔纤器夹住尾纤插头侧面，沿插头方向适度用力，将插头拔出。

注意事项：

进行光纤操作时不要直视光口，以免激光灼伤眼睛，如图 3－50 所示的是错误的操作方式：

图 3－50 眼睛直视光口（错误）

②插拔 LC/PC 尾纤。步骤如下：

a. 插尾纤前，先用无尘纸蘸无水酒精清洗尾纤接头，清洗时应注意小心地单向擦拭；

b. 插 LC/PC 尾纤时，用拇指和食指捏住尾纤插头，将插头上的弹片对准光口法兰盘的凹槽，适度用力推入，避免损伤光适配器的陶瓷内管或者插头端面。将尾纤插头完全插入后，卡紧即可；

c. 拔 LC/PC 尾纤时，用拇指、食指捏住尾纤插头或者用拔纤器夹住插头，压下插头上的弹片，沿插头方向适度用力，将插头拔出。

### 3.3.4 安装检查

所有硬件的安装工作完毕后，必须对安装工作进行再次检查，为下一步工作做好准备。检查工作包括设备机柜、子架、线缆及标识检查。具体内容如下：

（1）机柜安装后，机柜稳固不动，看上去整齐、美观，符合机柜安装要求。机箱、机柜外壳接地良好，防静电手环已安装。

（2）机柜、子架的所有紧固件全部拧紧，各种零部件无脱落或损坏，符合设备组装要求。

（3）所有线缆的连接关系正确，线缆插头与插座连接紧固，线缆布放与绑扎符合要求。

（4）设备标识正确、齐全、清晰，粘贴位置和内容书写符合标签制作的要求。

### 3.3.5 设备上电

完成以上步骤便可以开始设备上电了。具体步骤如图 3－51 所示：

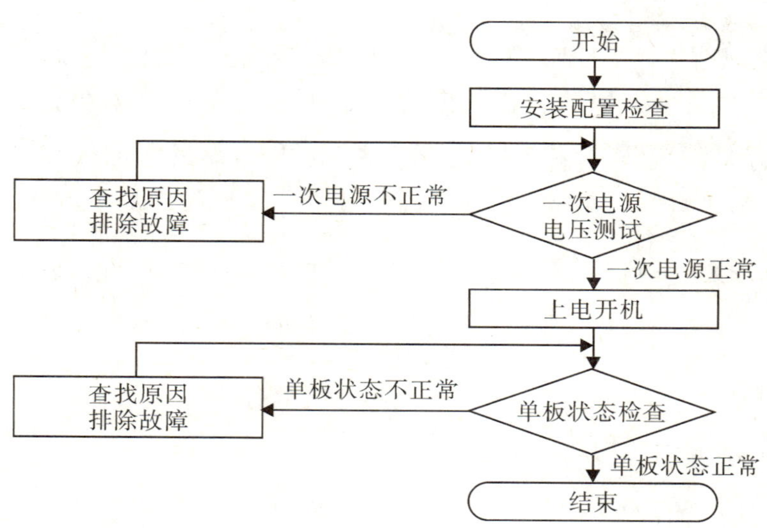


**图 3－51　设备上电步骤**

（1）在设备侧用万用表测量一次电源电压，确认其极性正确，且电压值在 -57 V～ -40 V 的范围内，设备内无短路现象。

（2）打开合机柜总电源开关。

（3）打开合设备子框电源开关。

（4）逐一插入各业务机盘，密切观察设备有无打火、冒烟，是否产生焦糊味或发出异常声音等，若有发现，则应立即关机检查和排除。

设备上电效果图如图 3 -52 所示：

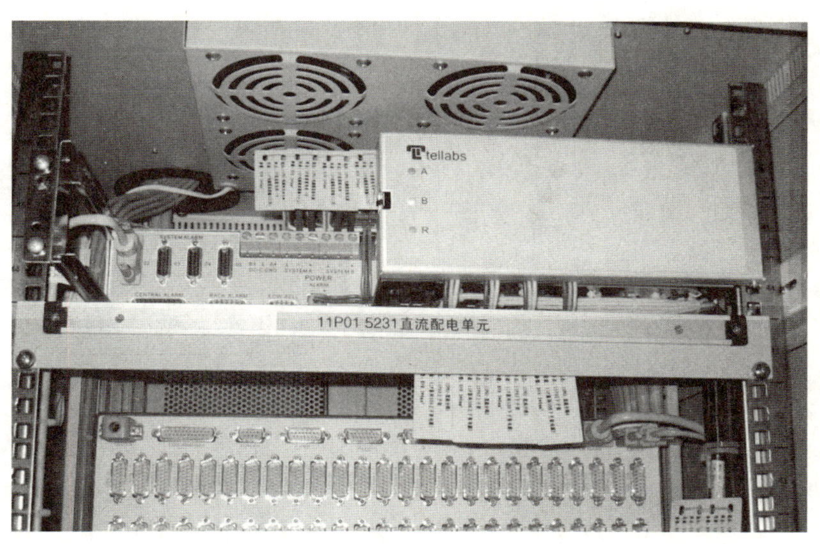


图 3 -52　设备上电效果图

注意事项：

若熔断器的熔丝被烧毁，必须更换同型号熔断器。若熔丝连续被烧毁，必须查明原因，处理后再插新的熔断器。

### 3.3.6 收尾工作

完成设备安装之后，需进行收尾工作。完成机柜孔洞油泥封堵后（图3－53所示的是油泥封堵效果图），进行现场清理工作，确保作业现场无遗留工作器具和材料：

（1）拆除临时电源接线。

（2）清点工作器具并回收剩余材料。

（3）清扫、整理现场，做好文明生产工作。

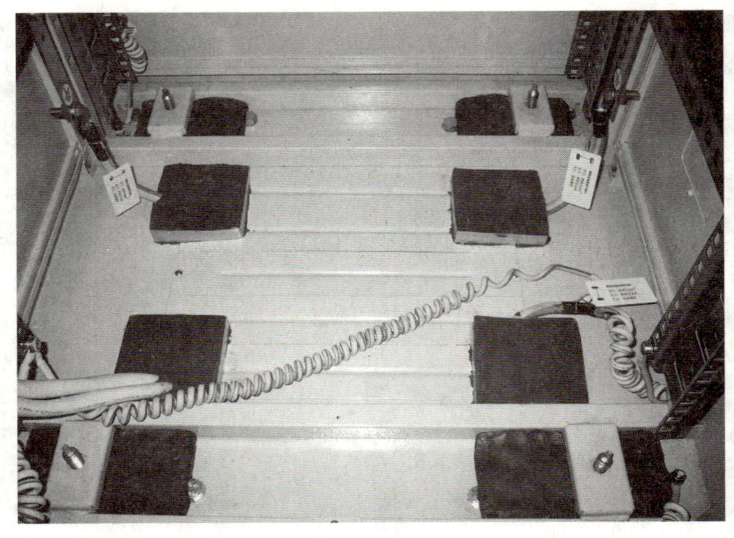

图3－53　油泥封堵效果图

# 4 光传输设备单机测试

本章以华为 OptiX OSN 系列产品为例介绍单机测试。其他厂家的光传输设备单机测试可以以此作为参考。

本章主要介绍在硬件安装完成后，对单个设备进行调试的过程。单站调试包括检查单站硬件、调试机柜接通电源过程、调试子架功能、检查软件版本、测试单站光电接口指标、测试所有电口通断百分百无误、测试尾纤布放百分百无误、备份网元数据库、测试单站掉电和单站测试完成后的收尾工作等。

表 4－1 列出了单机测试的主要项目及其描述：

**表 4－1　单机测试主要项目及描述**

| 序号 | 项目 | 描述 |
| --- | --- | --- |
| 1 | 检查单站硬件 | 包括机柜、子架安装检查，电源接线柱间电阻检查，线缆布放规范性检查，单板外观检查，以及部分单板的拨码跳线检查 |
| 2 | 调试机柜 | 包括电源输出端子保险容量检查，电源输出电压检查 |
| 3 | 调试子架功能 | 包括子架上电后的风扇运行检查，单板运行检查，部分单板上的按键功能测试，告警外接测试以及公务电话检查 |
| 4 | 检查软件版本 | 包括检查单板软件、主机软件版本是否与装箱单的软件版本表一致 |

（续上表）

| 序号 | 项目 | 描述 |
|---|---|---|
| 5 | 测试单站光电接口指标 | 提供单站测试的项目表格，并注明哪些是必测项目（如收发光功率），哪些是推荐测试项目（如灵敏度、抖动、频偏），必测和推荐测试的项目给出操作步骤和注意事项 |
| 6 | 测试所有电口通断百分百无误 | 提供电口通断百分百无误测试的操作步骤和注意事项 |
| 7 | 测试尾纤布放百分百无误 | 提供尾纤布放百分百无误测试的操作步骤和注意事项 |
| 8 | 备份网元数据库 | 在单站调试最后，进行网元数据库的备份，以便进行下一步的单站掉电测试 |
| 9 | 测试单站掉电 | 在备份了主机数据库的基础上，进行单站掉电测试，保证网元断电重启后能够正常上电，且配置数据正常 |
| 10 | 单站测试完成后的收尾工作 | 单站调试最后进行的一些收尾工作，为进行系统调试做准备 |

本章中的界面截图与网管版本和设备软件版本相关。如果版本不匹配，截图也可能不同。

## 4.1 单机测试配置实例说明

本章以图 4－1 所示的单站配置为例，介绍单站调试的方法。

该网元配置为 ADM，slot 8、slot 11 的 SL64 分别与上下游网元连接。单站配置了主备交叉时钟板保护、主备主控板保护和 E1 业务的 TPS 保护。slot 1 的 PQ1 为保护板，slot 2 ~ slot 5 的 PQ1 为工作板，保护优先级从 slot 2 ~ slot 5 依次降低。slot 13 的 SEP1 板接入 2 路 STM－1 电接口信号。

| S19 | S20 | S21 | S22 | S23 | S24 | S25 | S26 | S27 | S28 | S29 | S30 | S31 | S32 | S33 | S34 | S35 | S36 | S37 |
|---|---|---|---|---|---|---|---|---|---|---|---|---|---|---|---|---|---|---|
| D75S | D75S | D75S | D75S | | | | | PIU | PIU | | | | | | | | | AUX |

| FAN | FAN | FAN |
|---|---|---|

| S1 | S2 | S3 | S4 | S5 | S6 | S7 | S8 | S9 | S10 | S11 | S12 | S13 | S14 | S15 | S16 | S17 | S18 |
|---|---|---|---|---|---|---|---|---|---|---|---|---|---|---|---|---|---|
| PQ1 | PQ1 | PQ1 | | | | | SL64 | EXCSA | EXCSA | SL64 | | EFS1 | | | | GSCC | GSCC |

图 4－1　单站调试配置实例

## 4.2　检查单站硬件

给每个机柜上电前，应对设备硬件进行检查，本节给出几个重要的检查项目标准，如图 4－2 所示：

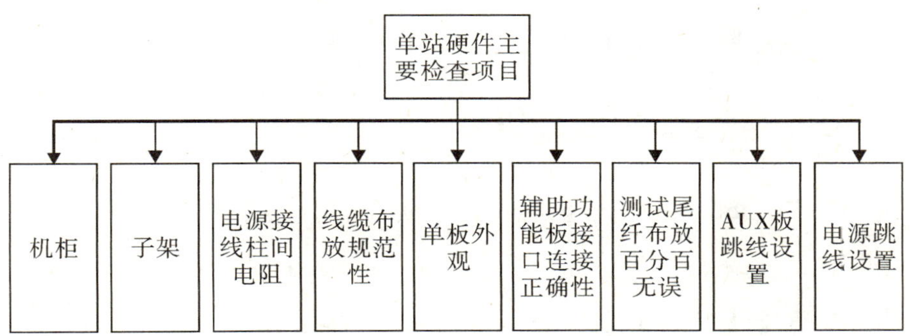


图 4－2　单站硬件主要检查项目

### 4.2.1 检查机柜

机柜检查包括：

（1）机柜安装位置正确，符合施工图纸的要求。

（2）多个机柜安装平齐，每个机柜必须水平、稳固。

（3）机柜顶部出电缆孔正对准机房走线槽的下方。

（4）支架与地面、支架与机柜间固定的螺栓全部安装正确，螺栓安装齐全，螺栓紧固，弹垫、平垫安装顺序正确。

（5）公务话机、防静电手腕没有丢失，且没有挪作他用。

（6）机柜内没有其他杂物。

### 4.2.2 检查子架

子架检查包括：

（1）子架正确接地。

（2）子架内的空槽位清洁、无杂物，子架内没有小螺钉、断扎带等杂物。

（3）没有在安装单板的空槽位安装假面板。

（4）走纤槽无破损，且与子架连接牢固。

### 4.2.3 检查电源接线柱间电阻

OptiX OSN 3500 设备通过机柜顶部的直流配电盒，完成电源的分配。

电源接线柱间电阻检查的步骤如表 4-2 所示：

**表 4－2　电源接线柱间电阻检查步骤**

| 步骤 | 操作 |
|---|---|
| 1 | 检查机柜是否连接到供电设备，如果机柜连接到供电设备，请断开供电设备的电源开关 |
| 2 | 在直流配电盒上，将子架电源开关全部拨到“OFF”侧 |
| 3 | 测量“NEG1（－）”与“RTN1（＋）”间的电阻，电阻值应该为∞ |
| 4 | 测量“NEG1（－）”与“RTN2（＋）”间的电阻，电阻值应该为∞ |
| 5 | 测量“NEG1（－）”与保护地线柱（⏚）间的电阻，电阻值应该为∞ |
| 6 | 测量“NEG2（－）”与“RTN2（＋）”间的电阻，电阻值应该为∞ |
| 7 | 测量“NEG2（－）”与“RTN1（＋）”间的电阻，电阻值应该为∞ |
| 8 | 测量“NEG2（－）”与保护地线柱（⏚）间的电阻，电阻值应该为∞ |
| 9 | 在直流配电盒上，将子架电源开关全部拨到“ON”侧 |
| 10 | 测量“NEG1（－）”与“RTN1（＋）”间的电阻，电阻值应该 ＞ 20kΩ |
| 11 | 测量“NEG1（－）”与“RTN2（＋）”间的电阻，电阻值应该 ＞ 20kΩ |
| 12 | 测量“NEG1（－）”与保护地线柱（⏚）间的电阻，电阻值应该 ＞20kΩ |
| 13 | 测量“NEG2（－）”与“RTN2（＋）”间的电阻，电阻值应该 ＞20kΩ |
| 14 | 测量“NEG2（－）”与“RTN1（＋）”间的电阻，电阻值应该 ＞20kΩ |
| 15 | 测量“NEG2（－）”与保护地线柱（⏚）间的电阻，电阻值应该 ＞20kΩ |
| 16 | 测试完后要将所有电源开关都断开 |

注意事项：

（1）测试的方法要正确，欧姆表的正极应该接在 RTN（＋）上，负极应该接在 NEG（－）上；如果接反，则测出的值会小于实际值，一般小于 10kΩ。

（2）如果子架的电源开关拨到“ON”侧时，接线柱之间电阻小于 20Ω，说明－48V 工作电源和工作地有短路现象，此时，一定要先排除该故障，再继续进行上电调试。

### 4.2.4 检查线缆布放规范性

线缆布放规范性检查包括：

（1）线缆绑扎间距均匀，松紧适度，线扣扎好后应将多余部分齐根剪掉，不留尖刺，扎扣朝同一个方向，保持整体整齐、美观和统一。

（2）线缆布放时应理顺，不交叉弯折。

（3）在机柜外布线时，需要使用槽道，且线缆不得溢出槽道。

（4）用走线梯时，应将其固定在走线梯横梁上，绑扎整齐，成矩形（单芯线缆可以绑扎成圆形）。

（5）线缆转弯时尽量采用大弯曲半径（半径大于6cm），转弯处不能绑扎线缆。

（6）设备的电源线、地线正确、可靠地连接。

（7）设备的电源线、地线的线径符合设备配电要求。

（8）机柜外电源线、地线与信号线缆分开布放，间距大于3cm。

（9）电源线、地线走线转弯处圆滑。

（10）电源线、地线必须采用整段铜芯材料，中间不能有接头。

### 4.2.5 检查单板外观

单板外观检查主要包括：

（1）单板面板侧面的金属簧片没有翘起的现象。

（2）交叉时钟板的扳手是否处于扣入状态（上、下两个扳

手上的微动开关必须处于完好和闭合的状态)。

(3) 检查所有单板，单板插到底且单板面板正常扣好。

注意事项：

任何时候接触单板都要戴防静电手腕或防静电手套。

### 4.2.6 检查辅助功能板接口连接正确性

OptiX OSN 3500、OptiX OSN 2500 和 OptiX OSN 1500 的辅助板如表 4－3 所示：

表 4－3 OptiX OSN 产品的辅助功能板

| 产品名称 | 单板名称 | 单板描述 | 接口类型 | 槽位 |
|---|---|---|---|---|
| OptiX OSN 3500 | N1AUX | 系统辅助接口单元 | RJ－45 和 SMB | slot 37 |
| OptiX OSN 2500 | Q1SAP | 系统辅助处理板，提供公务电话接口等 | RJ－45 | slot 14 |
| | Q1SEI | 扩展信号接口板，为系统提供各种辅助接口和管理接口 | RJ－45 和 SMB | 辅助接口区 |
| OptiX OSN 1500A 和 OptiX OSN 1500B | R1EOW | 公务电话处理板，提供公务电话接口和广播数据接口等 | RJ－11 和 RJ－45 | slot 9 |
| | R1AUX/R2AUX | 系统辅助接口板 | RJ－45 | slot 10 |

虽然各接口的类型相同，但它们的信号定义截然不同，请注意不要误插，以免引起内部芯片的损坏。

N1AUX 板和 Q1SAP 上各接口的位置如图 4－3 所示：

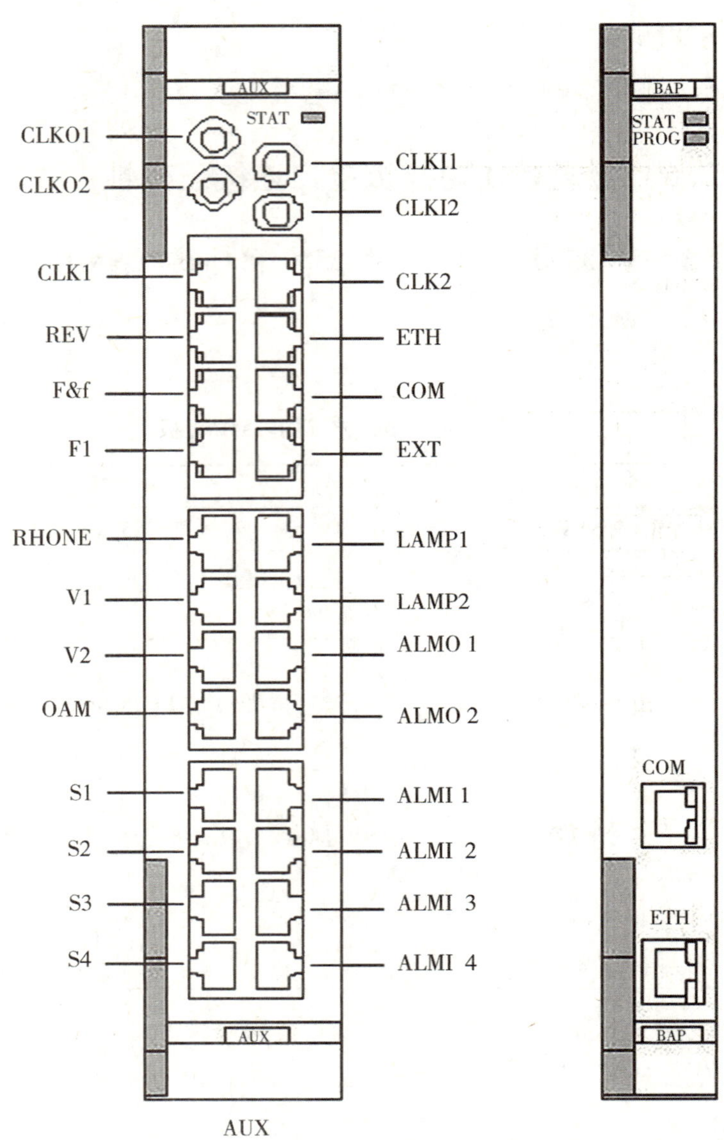


图 4－3　N1AUX 和 Q1SAP 面板接口图

R1AUX/R2AUX 板、Q1SEI 和 R1EOW 上各接口的位置如图 4－4 所示：

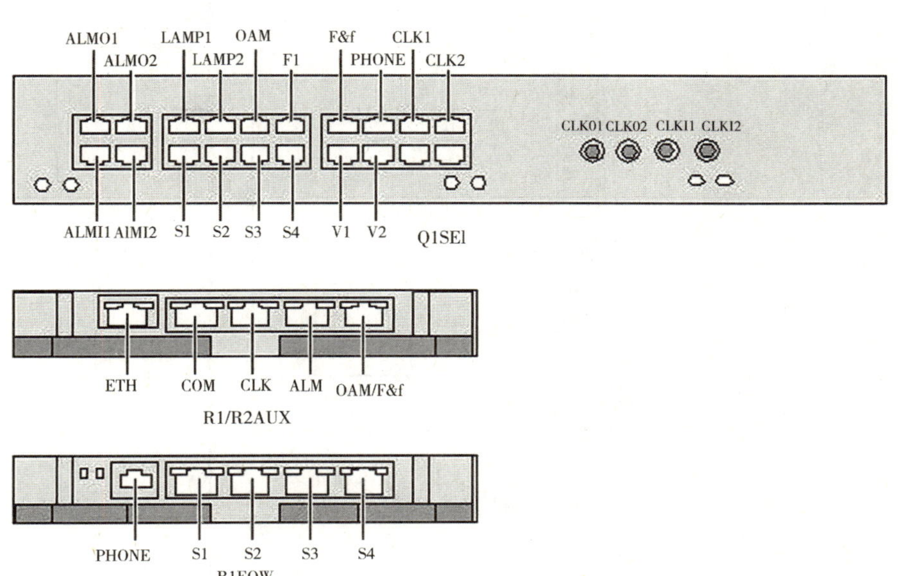


图 4－4　Q1SEI、R1EOW 和 R1AUX/R2AUX 面板接口图

## 4.2.7　检查 AUX 板跳线设置（OptiX OSN 3500）

AUX 单板右下角有一跳线开关（位置序号为 J9），如图 4－5 所示。用跳线帽短接时，表示该 OptiX OSN 3500 子架为主子架；没有跳线帽短接时，表示该 OptiX OSN 3500 子架为扩展子架。

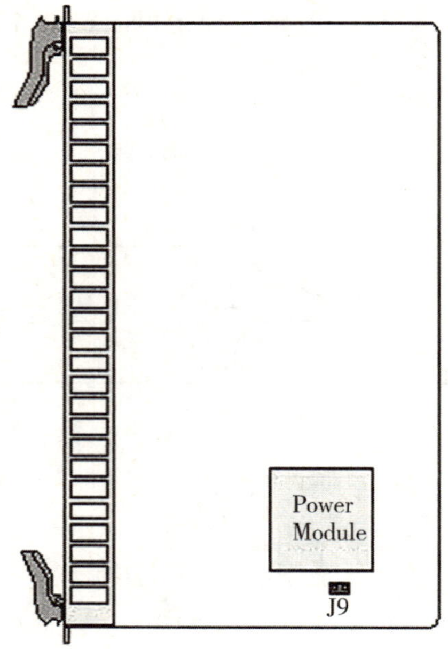


图 4－5　J9 跳线在单板上位置

### 4.2.8　检查电源跳线设置（OptiX OSN 3500）

如果使用－60V 电源供电，则需要把 GSCC 板上跳线 J16、J17 的跳线帽拆掉，如图 4－6 所示：

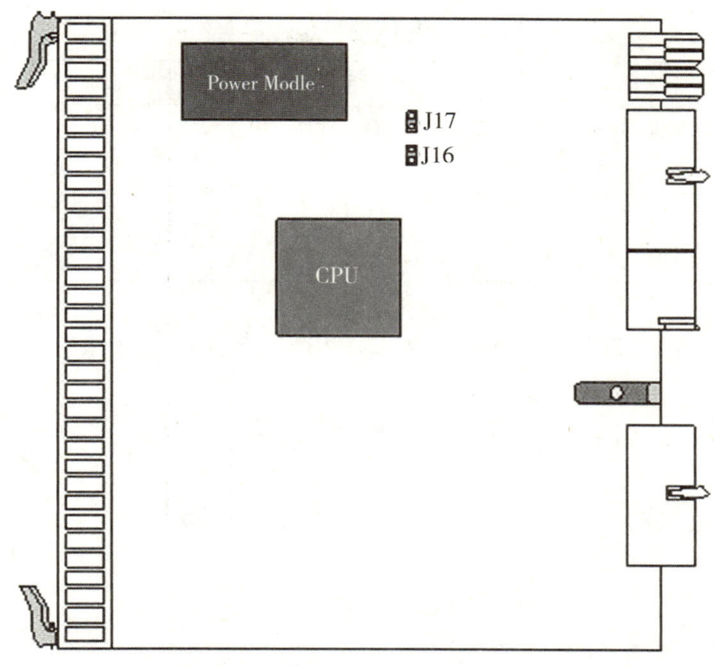


图 4－6　J16、J17 跳线在单板上的位置

警告：

单站硬件检查完毕，必须确保所有电源开关处于断开位置。

## 4.3　调试机柜接通电源过程

危险：

直接接触或通过潮湿物体间接接触设备电源，会带来致命危险。

### 4.3.1　检查电源输出端子保险容量

OptiX OSN 产品的单子架最大功耗和保险容量如表 4－4 所示：

表 4－4　单子架功耗和保险容量

| 产品名称 | 最大功耗（W） | 保险容量（A） |
| --- | --- | --- |
| OptiX OSN 3500 | 600 | 20 |
| OptiX OSN 2500 | 400 | 15 |
| OptiX OSN 1500A | 200 | 10 |
| OptiX OSN 1500B | 280 | 10 |

现场实际子架功耗可以根据单板功耗相加来计算。

### 4.3.2　调试机柜接通电源过程

机柜接通电源过程调试步骤如表 4－5 所示：

表 4－5　机柜接通电源过程调试步骤

| 步骤 | 操作 |
| --- | --- |
| 1 | 关闭 OptiX OSN 3500 设备的子架电源开关 |
| 2 | 关闭供电设备的电源开关 |
| 3 | 将电源线、电源地线、保护地线连接到机柜顶部的直流配电盒 |
| 4 | 将电源线、电源地线、保护地线的另一端连接到供电设备 |
| 5 | 打开供电设备侧对应的电源开关 |
| 6 | 在直流配电盒测量供电设备的电压，电源电压应该在－48V±20%之间（如果输入电压的标准电压为－60V，电源电压应该在－60V±20%之间），并确保正负极没有接反 |

注意事项：

若供电设备电源输出电压不在此工作范围内，应提出整改建议，并严禁上电。

提示：

设备机柜顶部的指示灯，是通过辅助板来完成驱动的（OptiX OSN 3500：AUX；OptiX OSN 2500：SAP）。因此，只有子架

上电后，机柜顶部的指示灯才会亮。OptiX OSN 1500 不提供机柜告警指示灯驱动。

## 4.4 调试子架功能

### 4.4.1 调试子架接通电源过程

各产品的 PIU 名称和槽位如表 4 -6 所示：

表 4 -6 OptiX OSN 产品的 PIU

| 产品名称 | PIU 名称 | 槽位 |
|---|---|---|
| OptiX OSN 3500 | N1PIU | slot 27、28 |
| OptiX OSN 2500 | Q1PIU | slot 22、23 |
| OptiX OSN 1500A | R1PIUA | slot 1、11 |
| OptiX OSN 1500B | R1PIU | slot 18、19 |

按照表 4 -7 所示步骤完成子架上电：

表 4 -7 子架上电步骤

| 步骤 | 操作 |
|---|---|
| 1 | 检查子架电源线是否正确连接到了 PIU 板上。机柜左侧的子架电源线连接到子架左侧的 PIU 板上，机柜右侧的子架电源线连接到子架右侧的 PIU 板上 |
| 2 | 电源线接头的紧固螺钉要拧紧，所有电源线接头应该连接牢固 |
| 3 | 分别打开直流配电盒上各个子架电源开关，单板上的“单板软件状态灯（PROG）”开始闪烁，进行单板软件的初始化和加载，单板软件加载完毕后，“单板软件状态灯（PROG）”为绿色常亮，设备上电成功 |

警告：

（1）严禁带电插拔电源插头和 PIU 单板。

（2）N1PIU 和 Q1PIU 上没有电源开关。

### 4.4.2 风扇接通电源后的调试

子架电源开关打开后，风扇开始运转。这时可以进行风扇的调试。风扇接通电源后的调试步骤如表 4－8 所示：

**表 4－8　风扇接通电源后的调试步骤**

| 步骤 | 操作 |
|---|---|
| 1 | 检查风扇面板上的运行灯，正常情况下指示灯呈绿色。如果指示灯呈红色或黄色，表示风扇出现故障，应立即排除故障。故障排除后再进行测试 |
| 2 | 手放在子架的上下方，感觉应有风吹过 |

提示：

（1）OptiX OSN 3500/2500/1500 的风扇支持热拔插（但应尽量避免），风扇上没有开关，有一个指示灯。

（2）子架下面有一个防尘网，要定期进行清理。

### 4.4.3 观察各单板指示灯状态

若设备上已经配置了数据，则在子架上电 10 分钟内，各单板能正常运行。

单板正常工作后，STAT 指示灯应该是绿灯常亮。STAT 指示灯亮红灯表示存在告警，应该用网管查询确认。如果有单板 STAT 指示灯不亮，表明此板未插好、硬件有故障或者母板倒针。首先应检查母板是否有倒针，其次检查单板，在确认单板硬件故障后，再更换单板。

## 4.4.4 下发单站调试配置数据

本小节将根据第4.1小节中的配置实例，介绍如何配置单站调试配置数据。

在下面的调试过程中，除非有其他说明，否则默认T2000网管计算机已经连接到网元，且通信正常。单站调试也可以使用LCT网管。

### 4.4.4.1 单站调试的配置数据制定的原则

单站调试的配置数据制定的原则是：尽可能让配置业务遍历所有已安插的单板和总线。具体体现为：

（1）各个支路板的所有PDH端口都要配置上业务进行测试。

（2）每块线路板的所有总线都要遍历。

可以采用VC－4串接法测试已插单板的所有总线，将PDH端口业务集中配置到线路板某一个VC－4，然后将配置线路板的所有VC－4进行串接，以达到测试线路板所有VC－4的目的。

### 4.4.4.2 配置过程

单站调试配置数据的过程步骤如表4－9所示：

表4－9 单站调试配置数据的过程步骤

| 步骤 | 操作 |
|---|---|
| 1 | 以管理员身份登录T2000网管，在T2000网管上创建网元并上载网元数据 |
| 2 | 将SDH分析仪连接到待测设备单板的接口上 |
| 3 | 根据设备配置的具体情况，在网管上进行业务配置 |
| 4 | 在T2000网管上查询网元的告警和性能事件，如果网元上报异常告警和性能事件，则需要进行定位并排除故障。故障排除后再进行下一步调试 |

### 4.4.5 调试 ALM CUT 按钮

ALM CUT 开关为告警声切除按钮。当主机检查到整个网元上有紧急告警时，会触发蜂鸣器，告警铃响。

各产品的 ALM CUT 按钮的位置如表 4－10 所示：

**表 4－10 ALM CUT 按钮的位置**

| 产品名称 | ALMC 所在单板名称 | 标记名称 | 指示灯标记 |
|---|---|---|---|
| OptiX OSN 3500 | GSCC | ALM CUT | ALMC |
| OptiX OSN 2500 | CXL16/CXL4/CXL1 | ALM CUT | ALMC |
| OptiX OSN 2500 REG | CRG | ALM CUT | ALMC |
| OptiX OSN 1500A | CXL16/CXL4/CXL1 | ALM CUT | ALMC |
| OptiX OSN 1500B | CXL16/CXL4/CXL1 | ALM CUT | ALMC |

根据表 4－11 的步骤完成 ALM CUT 按钮测试：

**表 4－11 ALM CUT 按钮测试步骤**

| 步骤 | 操作 |
|---|---|
| 1 | 以管理员身份登录 T2000 网管 |
| 2 | 拔掉网元收光接口的尾纤，使网元上报 R_LOS 告警。这时蜂鸣器会发出告警铃声 |
| 3 | 暂时切除告警铃：按下 GSCC 板上的 ALM CUT 按钮后立即松开，正常情况下会关闭当前的告警铃声 |
| 4 | 永久切除告警铃：按下 GSCC 板上的 ALM CUT 按钮 3 秒钟后，正常情况下会关闭当前的告警铃声，ALMC 指示灯会变成黄色 |
| 5 | 将拔掉的尾纤重新连接好，在网管上观察，确认 R_LOS 告警已经取消 |

（续上表）

| 步骤 | 操作 |
| --- | --- |
| 6 | 再次拔下尾纤，正常情况下告警蜂鸣器不会响 |
| 7 | 再次长按 ALM CUT 按钮，看到 ALMC 指示灯熄灭之后，告警铃将重新生效。当再有告警产生时，告警蜂鸣器会发出告警铃声 |
| 8 | 测试完 ALM CUT 按钮后，取消 ALM CUT 的永久切除告警铃 |

说明：

（1）暂时切除告警铃：如果产生新的紧急告警，会再次触发告警铃响，即告警声是触发式的（步骤3）。

（2）永久切除告警铃：即使后来有新的紧急告警产生，都不会导致告警铃响（步骤4）。

### 4.4.6 调试 RESET 键

RESET 键用于复位单板，各产品 RESET 键所在位置如表4－12所示：

**表4－12 RESET 键的位置**

| 产品名称 | RESET 键所在单板 |
| --- | --- |
| OptiX OSN 3500 | GSCC |
| OptiX OSN 2500 | CXL16/CXL4/CXL1 |
| OptiX OSN 2500 REG | CRG |
| OptiX OSN 1500A | CXL16/CXL4/CXL1 |
| OptiX OSN 1500B | CXL16/CXL4/CXL1 |

根据表 4－13 步骤完成 RESET 键的调试：

表 4－13　RESET 键的调试步骤

| 步骤 | 操作 |
|---|---|
| 1 | 单板上的 RESET 键为复位键，按下此键，GSCC 板上的“单板软件状态灯（PROG）”开始闪烁，进行单板软件的初始化和加载 |
| 2 | 单板软件加载完毕后，单板上的“单板软件状态灯（PROG）”为绿色常亮，单板复位完成。在 T2000 网管主视图上选中网元，单击鼠标右键，在出现的下拉菜单上选择“登录”。如果网元可以登录，说明复位键正常 |
| 3 | 双击网元图标，进入网元。正常情况下，网元处于“运行态” |
| 4 | 如果无法登录网元或网管上报异常告警，应进行故障处理。故障排除后再进行下一步调试 |

## 4.4.7　调试告警外接系统

如果 OptiX 设备告警信号外接、级联到告警外接设备，或告警外接设备有告警需要输入 OptiX 设备，则需要测试告警外接系统。

各产品的告警接口如表 4－14 所示：

表 4－14　告警接口在单板上的位置

| 产品名称 | 告警接口所在单板 |
|---|---|
| OptiX OSN 3500 | N1AUX |
| OptiX OSN 2500 | Q1SEI |
| OptiX OSN 1500A | R1AUX or R2AUX |
| OptiX OSN 1500B | R1AUX or R2AUX |

根据表 4－15 步骤完成告警外接系统的测试：

表 4－15　告警外接系统的测试步骤

| 步骤 | 操作 |
|---|---|
| 1 | 告警外接电缆上贴有对应管脚的标签，请检查连接到告警外接设备的正确位置 |
| 2 | 拔掉网元一侧光接口板 IN 光接口的尾纤，使网元上报 R_LOS 告警。这时蜂鸣器会发出告警铃声 |
| 3 | 若连接正常，应能将告警信号送至告警外接设备，告警外接设备有相应的声光指示 |

提示：

当外部设备的告警方式为声音告警时，要求外部设备具有声音切除功能。

## 4.5　检查软件版本

软件版本的检查步骤如表 4－16 所示：

表 4－16　软件版本的检查步骤

| 步骤 | 操作 |
|---|---|
| 1 | 以系统管理员身份登录 T2000 网管，进入主视图 |
| 2 | 在主菜单上选择［［报表/单板信息报表］，在下面的导航树中选择要查询的网元，点击[>>] |
| 3 | 单击 <查询>。在对话框的右边会显示网元各单板的版本信息 |
| 4 | 检查单板软件、主机版本，对照装箱单及其所附的软件版本表。如果不一致，应及时向华为技术有限公司驻本地办事处反馈 |

## 4.6 测试单站光电接口指标

本节列出的单站调试阶段常见的测试项目如表 4－17 所示，对于必测项目给出了操作步骤和注意事项。如果测试工具齐备，也建议进行可选项目的测试。

表 4－17 单站光电接口测试项目

| 测试项目 | 说明 |
|---|---|
| 平均发送光功率 | 必测项目 |
| 本站实际接收光功率 | 必测项目 |
| 接收机灵敏度 | 可选测试 |
| 光输入口允许频偏 | 可选测试 |
| 光接口输入抖动容限 | 可选测试 |
| 光接口输出抖动 | 可选测试 |
| 电输入口允许频偏 | 可选测试 |
| 电接口输入抖动容限 | 可选测试 |
| 电接口输出抖动 | 可选测试 |

### 4.6.1 测试平均发送光功率

平均发送光功率测试步骤如表 4－18 所示：

表 4－18 平均发送光功率测试步骤

| 步骤 | 操作 |
|---|---|
| 1 | 用专用擦纤纸仔细地清洗尾纤头和法兰盘 |
| 2 | 根据被测单板的实际光波长，将光功率计设置在被测波长上 |
| 3 | 将光接口板 OUT 光接口的尾纤连接到光功率计的测试输入口，如图 4－7 所示 |

（续上表）

| 步骤 | 操作 |
| --- | --- |
| 4 | 待输出功率稳定，读出平均发送光功率 |
| 5 | 对比测试结果和相应指标，如测试结果不符合指标，应查找原因，直至测试合格 |

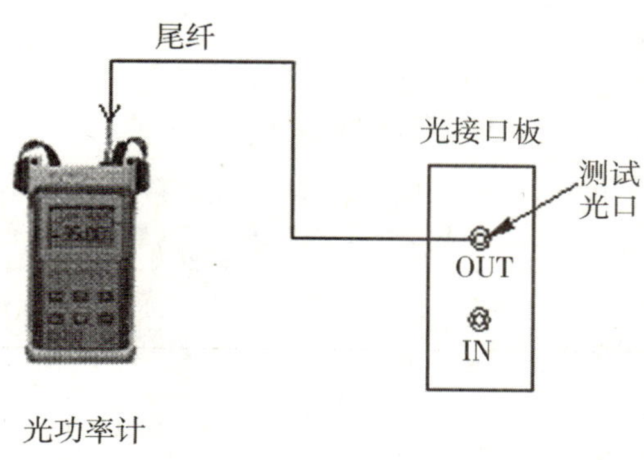


**图 4－7　测试平均发送光功率示意图**

注意事项：

（1）OptiX OSN 产品的光接口板可能设置了“激光器自动关断 ALS”，导致光板在接收光时，发送光接口不发光，测量不到发送光功率。如果出现测量不到光功率的情况，应检查是否开启了激光器自动关断功能。

（2）在设备调试的过程中，应避免激光直射人眼。

### 4.6.2　测试本站实际接收光功率

在单站调试中，在对端站的光纤已经布放到本站的 ODF 架，且对端站已经完成单站调试时，需要测量本站光接口板的实际接收光功率。表 4－19 为本站实际接收光功率的测试步骤：

表 4-19　本站实际接收光功率测试步骤

| 步骤 | 操作 |
|---|---|
| 1 | 根据被测单板的实际光波长，将光功率计设置在被测波长上 |
| 2 | 选择连接本站光接口板 IN 光接口的尾纤，将此尾纤连接光功率计的测试输入口，如图 4-8 所示 |
| 3 | 待接收光功率稳定后，读出的光功率值即为该光板的实际接收光功率 |
| 4 | 检查所测光功率 |
| 5 | 光功率测试值应该在以下范围内：光接口板的灵敏度指标值 +3dB ≤ 实际接收光功率值 ≤ 光接口板的过载点指标值 -5dB |
| 6 | 光功率测试值至少应大于该光接口板的灵敏度指标值 3dB 以上，否则要进行光纤线路检查。排除故障后，返回步骤 1 重新测量接收光功率 |
| 7 | 光功率测试值应小于该光接口板的过载点指标值 5dB，否则应在 ODF 侧加衰减器。排除故障后，返回步骤 1 重新测量接收光功率 |
| 8 | 重新测量后测试值依然不满足要求，应进行光纤连接或对端站单板的故障检查。如果存在故障，应在排除故障后，从步骤 1 开始重新测试 |

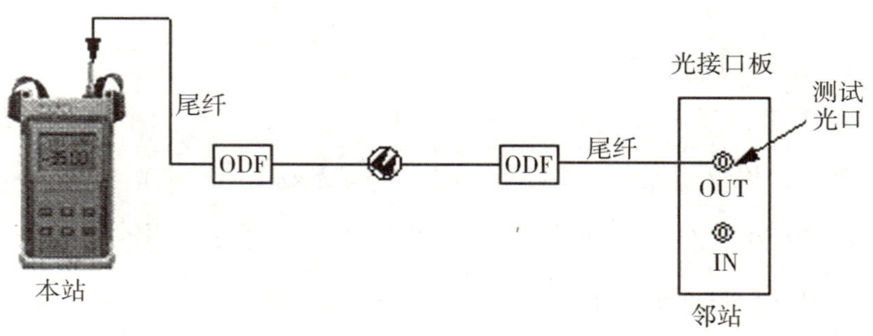


图 4-8　测量实际接收光功率示意图

注意事项：

（1）该项测试一定要保证光纤连接头上法兰盘的清洁，连接良好。

（2）事先测试尾纤的衰耗。

（3）测试应根据接口形状选用具有相应连接器的尾纤。

## 4.7 测试所有电口通断百分百无误

在电缆与设备、DDF 架两端都连接好之后，需要进行所有电口的通断百分百无误的测试。表 4－20 为所有电口的通断百分百无误的测试步骤：

表 4－20　所有电口的通断百分百无误的测试步骤

| 步骤 | 操作 |
| --- | --- |
| 1 | 在网管中将第一个 2M 端口设为“外环回”，将误码仪连接至 DDF 架上第一个 2M 端口（注意收发不要接反），误码仪告警应消失 |
| 2 | 然后在网管中取消“外环回”，此时误码仪应告警，表明此时误码仪接的确实是第一个 2M 口，并且该 2M 口收发电缆没有接反 |
| 3 | 参照步骤 1～2 的方法，依次检验每个 E1/T1/E3/T3/E4/155M 端口的收、发电缆。注意“通”和“断”两种状态都要测试 |
| 4 | 测试结果必须保证设备电口通断全部正常（电缆连接可靠，没有短路、断路的情况） |
| 5 | 设备侧的端口号和 DDF 架侧的端口号依次一一对应，并且 DDF 架上每个端口的收发顺序一致。如果遇到故障，须排除故障后再进行测试 |

## 4.8 测试尾纤布放百分百无误

测试尾纤布放百分百无误就是测试两根尾纤是否正确连接到同一个光接口板的收、发接口上。在进行该测试前，需严格按照设计文件将光纤布放至指定的 ODF 架端子。表 4－21 为尾纤布放百分百无误的测试步骤：

表 4－21　尾纤布放百分百无误的测试步骤

| 步骤 | 操作 |
| --- | --- |
| 1 | 将尾纤连接到单板某一个光接口的发送端，在 ODF 架侧用光功率计测试尾纤另一端，这时有光功率输入；拔下该单板的尾纤，另一端无光功率输出，光功率计显示“Loss”状态 |
| 2 | 将来自 ODF 侧的尾纤连接到单板的某一个光口的接收端和发送端，然后在 ODF 架端环回，该光口的 R_LOS 告警应该结束 |
| 3 | 拔掉单板发送端的尾纤，该光接口应该有 R_LOS 告警；再插上单板发送端的尾纤，R_LOS 告警应该结束 |
| 4 | 调试完成后，在所有激光接口上盖上防尘帽 |

## 4.9　备份网元数据库

配置数据下发后，需要进行网元数据库的备份。网元数据库可以确保在网元主控丢失数据或设备掉电后自动恢复运行。表 4－22为网元数据库备份步骤：

表 4－22　网元数据库备份步骤

| 步骤 | 操作 |
| --- | --- |
| 1 | 在 T2000 网管主菜单上选择［配置/配置数据管理］ |
| 2 | 选择需要备份数据库的网元，单击 » |
| 3 | 在右侧的列表中选中需要备份的网元 |
| 4 | 单击鼠标右键，在出现的下拉菜单上选择［备份网元数据库］，或者选择下方的［备份网元数据库］按钮 |
| 5 | 在出现的提示框中单击<确定> |

## 4.10 测试单站掉电后能够重新启动

表4－23为单站掉电后能够重新启动的测试步骤：

表4－23 单站掉电后能够重新启动的测试步骤

| 步骤 | 操作 |
|---|---|
| 1 | 本站掉电后重新上电，所有单板应能在10分钟内正常运行，不需要人工干预 |
| 2 | 本站掉电后重新上电，业务应该能在10分钟内正常开通。此时应再将光板自环，抽测典型业务，确保业务无误码或性能事件发生 |

提示：

此项测试需在完成网元数据库的备份后才可以进行。

## 4.11 单站测试完成后的收尾工作

### 4.11.1 单站测试后的环境恢复

（1）单站测试完成后，务必取消ALM CUT的永久切除告警铃。

（2）单站测试完成后，确保公务电话的振铃开关打在“ON”位置，以防公务电话打进时电话不振铃。同时确保公务电话的“talk”键关闭，以防公务电话一直处于摘机状态，其他站公务电话打不进来的现象。

（3）单站测试完成后，一定要确保去掉测试时留下的自环光纤和系统内部的软件自环设置。

（4）在单站测试完成后，需要把单站测试阶段配置的测试业务清除。

### 4.11.2 填写工程技术文档的单站部分

工程技术文档作为工程情况的记录，对日后的设备维护及升级扩容有着非常重要的意义，因此，要保证工程技术文档的准确性和完整性。在单站测试时就应注意及时对本站信息进行完整记录。对于单板全称、单板软硬件版本、光板距离和单模/多模等信息的记录，也可以参照装箱单及其所附的软硬件列表。

# 5　光传输网络系统测试

本章以 OptiX OSN 3500 产品为例介绍系统调试。对于 OptiX OSN 2500 和 OptiX OSN 1500，业务的调试方法是完全相同的，区别在于单板名称和插放板位的不同。

在设备单站调试和单站间线缆连接完成后，就可以进行系统调试了。可以通过该例举一反三，完成实际工作中类似设备的系统调试。

通过系统调试可以达到以下几个目的：

（1）将全网各个独立的网元按照工程设计方案连接成网络。

（2）对全网业务进行测试，验证业务配置的正确性。

（3）对全网需要具备的功能，如 ECC、保护功能等进行测试。

表 5－1　光传输网络系统测试的主要项目：

**表 5－1　光传输网络测试的主要项目**

| 序号 | 项目 | 描述 |
| --- | --- | --- |
| 1 | 全网光纤连接测试 | 包括尾纤标签检查、实际接收光功率测试、光纤连接检查，并给出了测试步骤和注意事项 |
| 2 | ECC 路由测试 | 包括各站网元的登录测试、ECC 自动选取路由测试、单路由 ECC 测试、ECC 穿通测试、扩展 ECC 测试，并给出了测试步骤和注意事项 |

（续上表）

| 序号 | 项目 | 描述 |
|---|---|---|
| 3 | 业务通道可用性测试 | 包括业务配置检查、电接口业务可用性测试、光接口业务可用性测试，并给出了测试步骤和注意事项 |
| 4 | 自愈保护倒换测试 | SNCP 倒换测试，并给出了测试步骤和注意事项 |
| 5 | 时钟保护倒换测试 | 给出了时钟保护倒换测试的测试步骤和注意事项 |
| 6 | 全网误码测试 | 包括环内业务的全网误码测试、环到链上业务的误码测试，并给出了测试步骤和注意事项 |

## 5.1 光传输网络系统测试工程信息

### 5.1.1 工程需求

在某城的 A、B、C、D 四地之间需要组建新的通信网络，业务需求如表 5－2 所示：

**表 5－2 业务需求表**

| 站点 | 业务说明 | 保护 | 站间距离 | 其他说明 |
|---|---|---|---|---|
| A | 与 B 地间有 63 路 E1 业务；与 D 地间有 63 路 E1 业务；为 D 地的用户 1 和用户 2 提供带宽为 10M 的 EPL（Ethernet Private Line）业务 | 需要网络级保护 | 与 B 地距离为 40 千米，与 C 地距离为 30 千米 | A 站为中心节点，为 PDH 提供 TPS 保护 |
| B | 与 A 地间有 63 路 E1 业务；与 D 地间有 3 路 E3 业务 | 需要网络级保护 | 与 A 地距离为 40 千米，与 C 地距离为 35 千米，与 D 地距离为 25 千米 | |

（续上表）

| 站点 | 业务说明 | 保护 | 站间距离 | 其他说明 |
|---|---|---|---|---|
| C | 无 | 需要网络级保护 | 与A地距离为30千米，与B地距离为35千米 | |
| D | 与A地间有63路E1业务；与B地间有3路E3业务；为A地的用户1和用户2提供带宽为10M的EPL业务 | 需要网络级保护 | 与B地距离为25千米 | |

## 5.1.2 组网图

组网图如图5-1所示。NE1、NE2、NE3为环上的3个网元，NE4是链上的网元，其中NE1为网关网元。

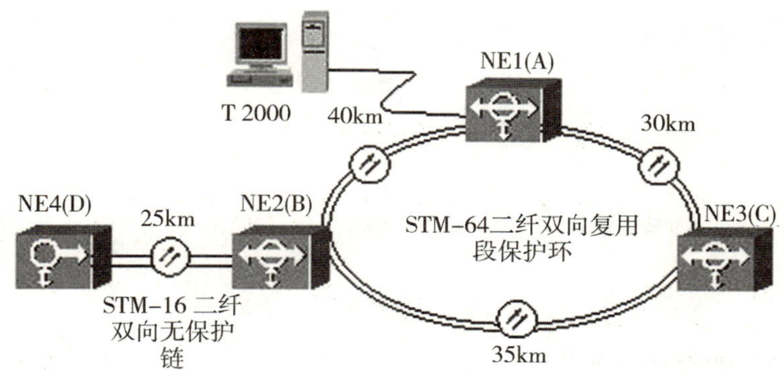


图5-1 工程信息—组网图

### 5.1.3 IP 地址分配图

网络的 IP 地址分配图如图 5 -2 所示：

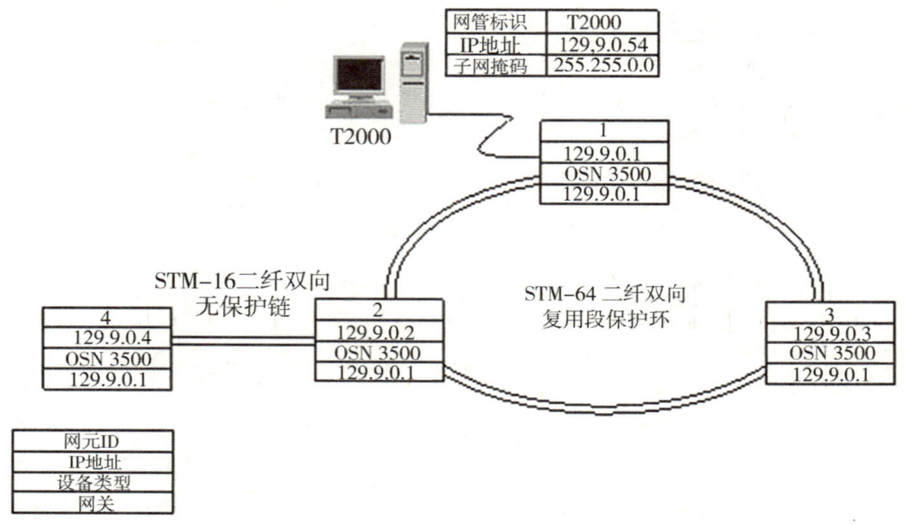


图 5 -2　IP 地址分配图

### 5.1.4 各网元的单板信息

NE1、NE2、NE3、NE4 的单板信息分别如图 5 -3、图 5 -4、图 5 -5、图 5 -6 所示：

| S19 | S20 | S21 | S22 | S23 | S24 | S25 | S26 | S27 | S28 | S29 | S30 | S31 | S32 | S33 | S34 | S35 | S36 | S37 |
|---|---|---|---|---|---|---|---|---|---|---|---|---|---|---|---|---|---|---|
| D75S | D75S | D75S | D75S | | | | | PIU | PIU | | | | | | | | | AUX |

| FAN | FAN | FAN |
|---|---|---|

| S1 | S2 | S3 | S4 | S5 | S6 | S7 | S8 | S9 | S10 | S11 | S12 | S13 | S14 | S15 | S16 | S17 | S18 |
|---|---|---|---|---|---|---|---|---|---|---|---|---|---|---|---|---|---|
| PQ1 | PQ1 | PQ1 | | | | | SL64 | EXCSA | EXCSA | SL64 | SI16 | | PI3 | | | GSCC | GSCC |

图 5－3　NE1 的单板信息

| S19 | S20 | S21 | S22 | S23 | S24 | S25 | S26 | S27 | S28 | S29 | S30 | S31 | S32 | S33 | S34 | S35 | S36 | S37 |
|---|---|---|---|---|---|---|---|---|---|---|---|---|---|---|---|---|---|---|
| D75S | D75S | | | | | | | PIU | PIU | | | C34S | | | | | | AUX |

| FAN | FAN | FAN |
|---|---|---|

| S1 | S2 | S3 | S4 | S5 | S6 | S7 | S8 | S9 | S10 | S11 | S12 | S13 | S14 | S15 | S16 | S17 | S18 |
|---|---|---|---|---|---|---|---|---|---|---|---|---|---|---|---|---|---|
| | PQ1 | | | | | | SL64 | EXCSA | EXCSA | SL64 | SI16 | | PI3 | | | GSCC | GSCC |

图 5－4　NE2 的单板信息

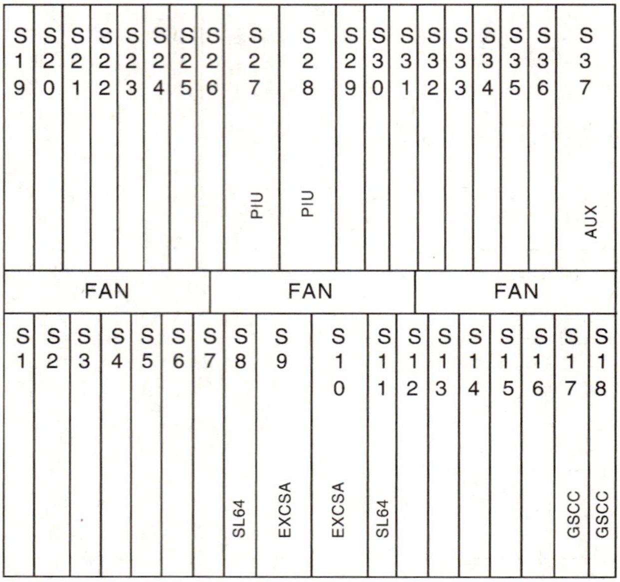

| S19 | S20 | S21 | S22 | S23 | S24 | S25 | S26 | S27 | S28 | S29 | S30 | S31 | S32 | S33 | S34 | S35 | S36 | S37 |
|---|---|---|---|---|---|---|---|---|---|---|---|---|---|---|---|---|---|---|
| | | | | | | | | PIU | PIU | | | | | | | | | AUX |

| FAN | FAN | FAN |
|---|---|---|

| S1 | S2 | S3 | S4 | S5 | S6 | S7 | S8 | S9 | S10 | S11 | S12 | S13 | S14 | S15 | S16 | S17 | S18 |
|---|---|---|---|---|---|---|---|---|---|---|---|---|---|---|---|---|---|
| | | | | | | | SL64 | EXCSA | EXCSA | SL64 | | | | | | GSCC | GSCC |

图 5－5　NE3 的单板信息

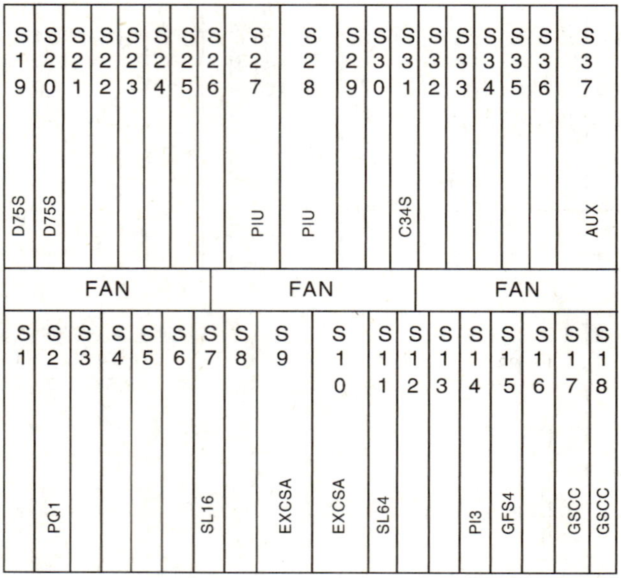

| S19 | S20 | S21 | S22 | S23 | S24 | S25 | S26 | S27 | S28 | S29 | S30 | S31 | S32 | S33 | S34 | S35 | S36 | S37 |
|---|---|---|---|---|---|---|---|---|---|---|---|---|---|---|---|---|---|---|
| D75S | D75S | | | | | | | PIU | PIU | | | C34S | | | | | | AUX |

| FAN | FAN | FAN |
|---|---|---|

| S1 | S2 | S3 | S4 | S5 | S6 | S7 | S8 | S9 | S10 | S11 | S12 | S13 | S14 | S15 | S16 | S17 | S18 |
|---|---|---|---|---|---|---|---|---|---|---|---|---|---|---|---|---|---|
| | PQ1 | | | | | SL16 | | EXCSA | EXCSA | SL64 | | | PI3 | GFS4 | | GSCC | GSCC |

图 5－6　NE4 的单板信息

## 5.1.5 光纤连接关系表

网络的光纤连接关系表如表5－3所示。

表5－3 工程信息—光纤连接关系表

| 本端信息 | | | | 对端信息 | | | |
|---|---|---|---|---|---|---|---|
| 网元名称 | 板位 | 单板名称 | 端口号 | 网元名称 | 板位 | 单板名称 | 端口号 |
| NE1 | 11 | SL64 | 1IN | NE2 | 8 | SL64 | 1OUT |
| NE1 | 11 | SL64 | 1OUT | NE2 | 8 | SL64 | 1IN |
| NE2 | 11 | SL64 | 1IN | NE3 | 8 | SL64 | 1OUT |
| NE2 | 11 | SL64 | 1OUT | NE3 | 8 | SL64 | 1IN |
| NE2 | 12 | SL16 | 1IN | NE4 | 7 | SL16 | 1OUT |
| NE2 | 12 | SL16 | 1OUT | NE4 | 7 | SL16 | 1IN |
| NE3 | 11 | SL64 | 1OUT | NE1 | 8 | SL64 | 1IN |
| NE3 | 11 | SL64 | 1IN | NE1 | 8 | SL64 | 1OUT |

## 5.1.6 时隙分配图

各站点之间的时隙分配如图5－7所示：

| 时隙 | 终点 | | | | | |
|---|---|---|---|---|---|---|
| | NE1 | | NE2 | NE3 | NE4 | |
| | 11－SL64－1 | 8－SL64－1 | 11－SL64－1 | 8－SL64－1 | 11－SL64－1 | 8－SL64－1 |
| 1#VC4 | s：1－83<br>13：1－83 | 12：1－83 | | | | |
| 2#VC4 | s：1－83<br>12：1－83 | | | | | |
| 3#VC4 | s：1－5<br>13：1－5 | | | | | |

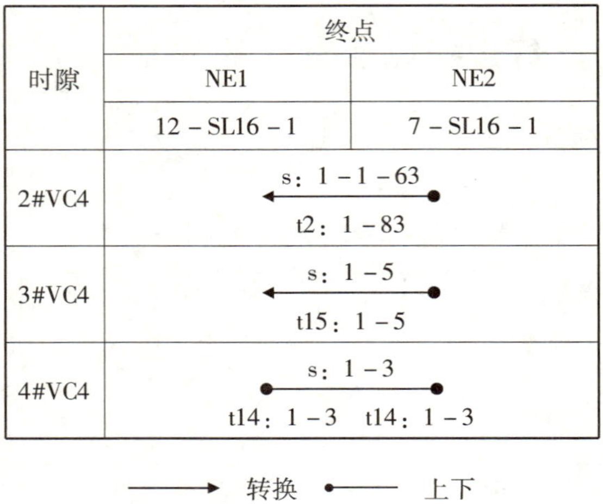

| 时隙 | 终点 | |
|---|---|---|
| | NE1 | NE2 |
| | 12 - SL16 - 1 | 7 - SL16 - 1 |
| 2#VC4 | s：1 - 1 - 63<br>←——●<br>t2：1 - 83 | |
| 3#VC4 | s：1 - 5<br>←——●<br>t15：1 - 5 | |
| 4#VC4 | s：1 - 3<br>●——●<br>t14：1 - 3　t14：1 - 3 | |

——→ 转换　●—— 上下

**图 5 - 7　工程信息—时隙分配图**

时隙分配图说明：

t2、t15 分别表示网元中的 slot 2、slot 3 板位的 E1 支路板，t14 表示网元中 slot 14 板位的 E3 支路板；支路板后面的数字表示 E1 或 E3 通道号，例如“t2：1 ~ 63”表示 slot 2 板位支路板上的 1 ~ 63 个通道；横线上面的数字表示所占用的 VC4 中的时隙号。

以 NE1 为例，图 5 - 7 中所示业务为：

NE1 ~ NE4 的 63 路 E1 业务从 NE2 的西向线路板穿通到东向线路板，穿通时隙为第 2 个 VC4 中 1 ~ 63 时隙。

NE1 slot 3 板位的支路板上 1 ~ 63 个 2M 通道，通过第 1 个 VC4 中的 1 ~ 63 时隙，与 NE2 slot 2 板位的支路板上 1 ~ 63 个 2M 通道互通业务。

NE2 slot 14 板位的支路板上 1 ~ 3 个 E3 通道，通过第 4 个 VC4 中的 1 ~ 3 时隙，与 NE4 slot 14 板位的支路板上 1 ~ 3 个 E3 通道互通业务。

### 5.1.7　以太网业务连接关系对照表

以太网业务连接关系对照表如表 5 -4 所示：

表 5 -4　工程信息—以太网专线业务连接关系对照表

| 源网元 | 源单板—端口 | VLAN ID | 绑定 VC -12 | 宿网元 | 宿单板—端口 | 备注 |
|---|---|---|---|---|---|---|
| NE1 | 13 - EFS4 - 1 | 1 | 5 × VC - 12 | NE4 | 15 - EFS4 - 1 | 用户 1 |
| NE1 | 13 - EFS4 - 2 | 2 | 5 × VC - 12 | NE4 | 15 - EFS4 - 2 | 用户 2 |

### 5.1.8　单板级保护信息

设备提供的单板级保护如表 5 -5 所示：

表 5 -5　工程信息—单板级保护信息

| 网元 | TPS 保护 | PIU 备份 | SCC 备份 | 交叉备份 |
|---|---|---|---|---|
| NE1 | ʕ | ʕ | ʕ | ʕ |
| NE2 | γ | ʕ | ʕ | ʕ |
| NE3 | γ | ʕ | ʕ | ʕ |
| NE4 | γ | ʕ | ʕ | ʕ |

### 5.1.9　时钟跟踪图

网络的时钟跟踪图如图 5 -8 所示：

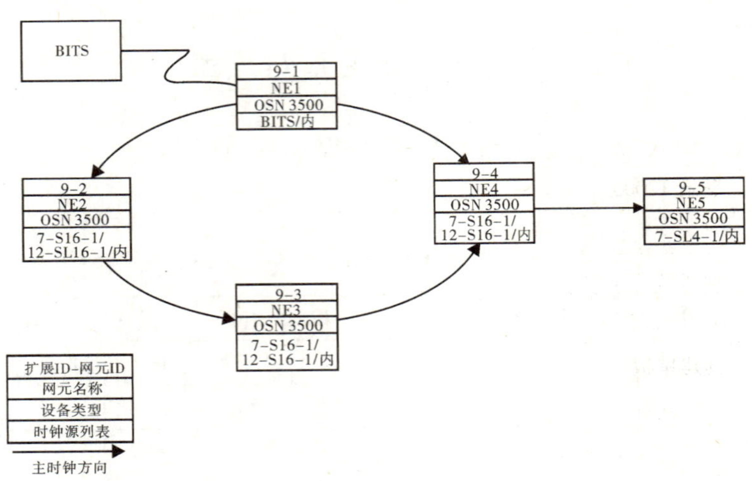


**图 5-8　工程信息—时钟跟踪图**

NE1～NE4 的时钟源优先级配置如表 5-6 所示：

**表 5-6　时钟源优先级配置表**

| 网元 | 时钟源 1 | 时钟源 2 | 时钟源 3 |
|---|---|---|---|
| NE1 | 外部时钟源 1（BITS） | 内部时钟源 | |
| NE2 | 11-SL64-1 | 8-SL64-1 | 内部时钟源 |
| NE3 | 11-SL64-1 | 8-SL64-1 | 内部时钟源 |
| NE4 | 7-SL16-1 | 内部时钟源 | |

## 5.2　系统调试的启动工作

在进行系统调试前，需要按照表 5-7 步骤来完成启动工作。

在下面的调试过程中，除非有其他说明，否则默认 T2000 网管计算机已经连接到网关网元，且通信正常。

表 5-7 系统调试启动工作的步骤

| 步骤 | 操作 |
|---|---|
| 1 | 登录 T2000 |
| 2 | 以 root 网元用户创建网元 |
| 3 | 创建网元用户 |
| 4 | 切换网元用户 |
| 5 | 创建单板 |
| 6 | 创建光纤 |
| 7 | 创建拓扑子网 |
| 8 | 创建保护子网 |
| 9 | 配置时钟 |
| 10 | 创建 SDH/PDH 业务 |
| 11 | 创建以太网业务 |
| 12 | 配置单板级保护 |
| 13 | 设置性能参数 |
| 14 | 设置告警参数 |
| 15 | 备份网元配置数据 |

## 5.3 光纤连接测试

### 5.3.1 测试目的

OptiX OSN 产品是光网络设备，在组网中要连接大量的光纤。本节将介绍全网光纤连接的测试步骤和注意事项，包括以下内容：

（1）检查尾纤标签。

（2）测试实际接收光功率。

（3）检查光纤连接。

### 5.3.2 测试要求

（1）逐一测试每个站点连入和输出的光纤，不能抽查。

（2）详细记录测试的结果。

### 5.3.3 检查尾纤标签

尾纤标签的检查步骤如表5－8所示：

表5－8 尾纤标签检查步骤

| 步骤 | 操作 |
|---|---|
| 1 | 检查NE1站接入和输出的尾纤的标签，将粘贴不规范的标签撕下，重新制作并粘贴标签 |
| 2 | 检查标签填写内容，如果发现标签内容与实际组网拓扑不一致，请将填写错误的标签撕下，重新制作并粘贴标签 |

### 5.3.4 测试实际接收光功率

实际接收光功率测试步骤如表5－9所示：

表5－9 实际接收光功率测试步骤

| 步骤 | 操作 |
|---|---|
| 1 | 根据被测单板的实际光波长，将光功率计设置在被测波长上 |
| 2 | 选择连接本站光接口板“IN”光接口的光纤跳线，将此光纤跳线连接光功率计的测试输入口 |
| 3 | 待接收光功率稳定后，读出的光功率值即该光板的实际接收光功率 |

（续上表）

| 步骤 | 操作 |
|---|---|
| 4 | 检查所测光功率<br>如果所测光功率小于光接口的灵敏度，转向步骤5<br>如果所测光功率大于光接口的过载光功率，转向步骤6<br>不同光接口板的指标值请参见相关产品技术手册<br>注意：<br>接收光功率应当有一定的余量，建议大于灵敏度3dB，小于过载光功率5dB |
| 5 | 请进行光纤线路检查。排除故障后，返回步骤1重新测量接收光功率<br>说明：<br>如果接收光功率太小，则进行光缆距离、光纤接口、ODF侧光纤法兰盘连接的检查。如果是光纤接口有污物导致接收光功率过小，请进行光接口的清洁。如果是光缆传输衰耗太大导致接收光功率过小，则需要进行线路的整改。如果光缆距离太长导致接收光功率过低，则需要考虑更换光功率更高的单板或增加光信号放大板 |
| 6 | 在ODF侧加衰减器。排除故障后，返回步骤1重新测量接收光功率 |
| 7 | 若重新测量后测试值依然不满足要求，请进行光纤连接或对端站单板的故障检查。如果存在故障，请排除故障后，从步骤1开始重新测试 |

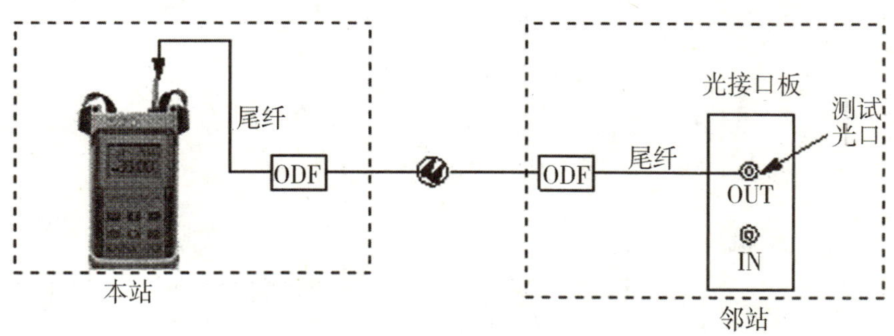


**图5－9　测量实际接收光功率示意图**

注意事项：

（1）该项测试一定要保证光纤连接头上法兰盘的清洁，连接良好。

（2）事先测试光纤跳线的衰耗。

（3）测试应根据接口形状，选用具有相应连接器的光纤跳线。

### 5.3.5 检查光纤连接

光纤连接的检查步骤如表 5-10 所示：

表 5-10 光纤连接检查步骤

| 步骤 | 操作 |
|---|---|
| 1 | 根据实际组网图，检查各站的光纤连接是否正确 |
| 2 | 检查各站光接口板的指示灯，所有指示灯是否为绿色长亮 |
| 3 | 登录 T2000 网管，检查各站的所有光接口是否有 R_LOS 告警 |
| 4 | 如果发现某站上报 R_LOS，应进行故障处理 |

说明：

进行环网的光纤连接时（2 纤环、4 纤环），要求按统一的主环方向连接光纤，即本站东向光板接下一站西向光板。

## 5.4 ECC 路由测试

光纤连接检查完成之后，就可以进行 ECC 测试。

ECC（Embedded Control Channel）用于 SDH 网元间的通信，传送网络管理信息，实现网管对非网关网元的管理。在您正式使用 OptiX OSN 产品前，需要对 ECC 进行以下测试，保证后期网络管理的可靠性。

（1）所有网元登录测试。

（2）ECC 自动选取路由测试。

（3）单路由 ECC 测试。

（4）ECC 穿通测试。

（5）扩展 ECC 测试。

### 5.4.1　所有网元登录测试

所有网元登录测试步骤如表 5－11 所示：

**表 5－11　网元登录测试步骤**

| 步骤 | 操作 |
| --- | --- |
| 1 | 在网管界面主视图上察看网元图标的颜色，图标颜色为绿色时表示 ECC 正常 |
| 2 | 在网管界面上选中网元 NE1 的图标，单击鼠标右键，在出现的菜单条上选择［登录］。如果“操作结果”对话框上显示“操作成功”，说明网元可以登录 |
| 3 | 依照步骤 2，依次检查其他站点是否可以登录 |

### 5.4.2　ECC 自动选取路由测试

ECC 自动选取路由测试步骤如表 5－12 所示：

**表 5－12　ECC 自动选取路由测试步骤**

| 步骤 | 操作 |
| --- | --- |
| 1 | 以系统管理员身份登录 T2000 网管，进入主视图 |
| 2 | 在主视图中选中 NE1，在主菜单上选择［配置/网元管理器］。在出现的对话框的左边下方的功能树中选择［通信/网元 ECC 链路管理］ |
| 3 | 单击 >>，在对话框的右边会显示各网元与 NE1 的 ECC 路由，如表 5－13 所示。检查每条路由是否为最短路由，如果不是最短路由，应排除故障并重新检查路由 |
| 4 | 按照步骤 2～3，依次检查其他站点的 ECC 路由 |

**表 5－13　NE1 的 ECC 自动选取路由测试**

| 目标网元 | 转发网元 | 距离 | 等级 | 模式 | SCC 号 |
|---|---|---|---|---|---|
| NE2 | NE2 | 0 | 4 | 自动 | 9 |
| NE3 | NE3 | 0 | 4 | 自动 | 8 |
| NE4 | NE2 | 1 | 4 | 自动 | 9 |

### 5.4.3　单路由 ECC 测试

单路由 ECC 测试步骤如表 5－14 所示：

**表 5－14　单路由 ECC 测试步骤**

| 步骤 | 操作 |
|---|---|
| 1 | 拔掉 NE1 站 slot 11 的接收和发送尾纤<br>提示：如果无法到站点去拔纤，可以通过网管关闭相应端口的激光器 |
| 2 | 以系统管理员权限的用户登录 T2000 网管，进入主视图 |
| 3 | 观察 NE1 网元图标的颜色，图标颜色不是灰色且能够登录 |
| 4 | 在主视图中选中 NE1，在主菜单上选择［配置/网元管理器］。在出现的对话框的左边下方的功能树中选择［通信/网元 ECC 链路管理］。在对话框菜单中选择进行网元切换，在出现的对话框中选择 NE1，单击 <确定> 选择 NE1 |
| 5 | 单击 >>，在对话框的右边显示各网元与 NE1 的 ECC 路由，正常情况下 NE1 与 NE4 的路由应该变为长路由。如表 5－15 所示 |
| 6 | 同样方法，拔掉 NE1 站 slot 8 的接收和发送尾纤，检查 NE1 与其他网元的单路由 |
| 7 | 按照步骤 1～6，依次检查 NE2～NE4 的单路由 |
| 8 | 如果出现网元无法登录现象，应排除故障并从步骤 3 开始重新检查路由 |

表 5－15 NE1 单路由 ECC 测试

| 目标网元 | 转发网元 | 距离 | 等级 | 模式 | SCC 号 |
|---|---|---|---|---|---|
| NE2 | NE3 | 1 | 4 | 自动 | 8 |
| NE3 | NE3 | 0 | 4 | 自动 | 8 |
| NE4 | NE3 | 2 | 4 | 自动 | 8 |

## 5.5 业务通道可用性测试

业务通道可用性测试是业务割接成功的必要保证。通过本节测试，检查业务通道的可用性，确保业务通道的畅达。

### 5.5.1 检查网元配置正确性

网元配置正确性的检查步骤如表 5－16 所示：

表 5－16 网元配置正确性的检查步骤

| 步骤 | 操作 |
|---|---|
| 1 | 向 NE1～NE4 下发业务 |
| 2 | 参照组网规划，进行复用段、业务交叉连接、时钟配置、公务等配置参数的检查，配置参数应正确 |
| 3 | 检查各网元是否有异常告警上报，如果有异常告警上报，应进行故障处理 |

### 5.5.2 电接口业务

本节将介绍如何测试 NE2 slot 2 的 PQ1 板上第 1 个 E1 业务通道，与 NE1 slot 2 的 PQ1 板上第 1 个 E1 业务通道的可用性。以此为例，指导完成其他电接口业务通道的测试。

T1、E3、T3、E4、STM－1（e）的电接口业务通道测试与

E1 业务通道测试方法相同，本节不再赘述。

电接口业务通道可用性的测试步骤如表 5－17 所示：

**表 5－17　电接口业务通道可用性测试步骤**

| 步骤 | 操作 |
|---|---|
| 1 | 在 NE1 网元的 slot 2 的 PQ1 板上，在第 1 个 2M 通道上挂 2M 误码仪，如图5－10 所示 |
| 2 | 在 NE2 网元的 slot 2 的 PQ1 板上，对第 1 个 2M 通道进行软件环回或自环 |
| 3 | 进行 10 分钟误码测试；观察 2M 误码仪，检查是否有误码或告警产生。如果有误码和告警上报，请排除故障，并重新进行 10 分钟误码测试 |
| 4 | 测试结果显示无误码，请取消环回 |
| 5 | 采用同样方法，对其他通道进行测试 |

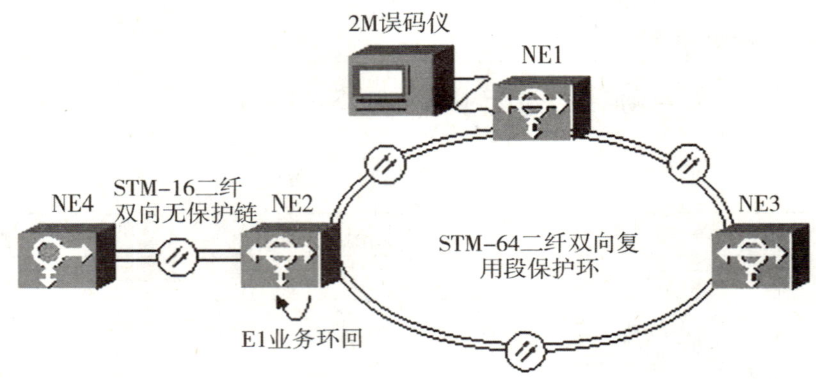


**图 5－10　2M 业务通断的环回法测试示意图**

提示：

如果使用软件环回，应注意禁止使用环回自动解除功能，否则 5 分钟以后环回会自动解除，导致测试异常。

如果有可能，应该在 DDF 侧测试，以免因多次拔插而损坏电接口板接头。

### 5.5.3 光接口业务

本节将介绍如何测试 NE1 与 NE2 通道的光接口业务通道的可用性。以此为例，指导完成对其他光接口业务通道的测试。

光接口业务通道可用性测试步骤如表 5 – 18 所示：

表 5 – 18 光接口业务通道可用性测试步骤

| 步骤 | 操作 |
|---|---|
| 1 | 在 NE1 网元的 slot 11 的 SL64 上挂 SDH 分析仪（带有 10G 测试接口），如图 5 – 11 所示 |
| 2 | 对 NE2 网元的 slot 8 的 SL64 进行光接口环回，如图 5 – 11 所示 |
| 3 | 进行 10 分钟误码测试；观察 SDH 分析仪，是否有误码或告警产生。如果有误码和告警上报，请排除故障，并重新进行 10 分钟误码测试 |
| 4 | 测试结果显示无误码，请取消环回 |
| 5 | 采用同样方法，对其他光接口通道进行测试 |

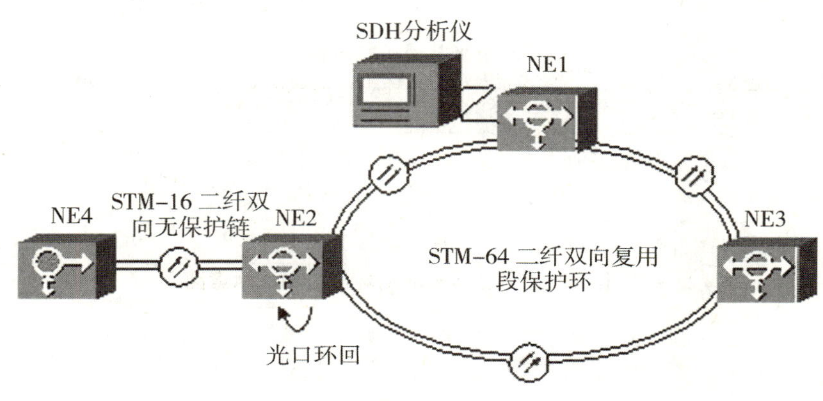


图 5 – 11 光接口通断的环回法测试示意图

提示：

如果有可能，应该在 ODF 侧测试，以免因多次拔插而损坏尾纤接口。

## 5.6 自愈保护倒换测试

传输网络具有自愈保护功能，具有自动应付网络故障的能力。测试自愈保护倒换性能，可以保证网络运营的稳定性和可靠性。

目前较为常用的倒换测试方法：SNCP 倒换测试。

NE1 与 NE4 间有 E1 业务。可以对该业务实现 VC－12 级别的 SNCP 保护。以下主要介绍 SNCP 倒换测试的步骤和注意事项。

在进行 SNCP 测试以前，需要完成 SNCP 保护的配置。

### 5.6.1 检查 SNCP 保护状态

SNCP 保护状态检查步骤如表 5－19 所示：

表 5－19　SNCP 保护状态检查步骤

| 步骤 | 操作 |
| --- | --- |
| 1 | 以系统管理员权限的用户登录 T2000 网管，在主视图中选中 NE1 网元图标，在主菜单中选择［配置/网元管理器］ |
| 2 | 在界面右侧的功能树上选择［配置/SNCP 业务控制］ |
| 3 | 单击界面右下角的＜查询＞ |
| 4 | 在“工作业务”窗口选择要查询的 SNCP 业务，在“当前状态”单击鼠标右键，选择［查询倒换状态］，倒换状态如表 5－20 所示 |
| 5 | 正常情况下，倒换状态应为“正常状态” |
| 6 | 在“工作业务”窗口选择要查询 SNCP 业务的“启动条件”，单击鼠标右键，查询 SNCP 倒换启动条件 |
| 7 | 如果查询的结果不一致，请进行故障检查 |

表 5－20　SNCP 状态—业务正常

| 参数项 | 工作业务 | 保护业务 |
|---|---|---|
| 业务源 | 11－SL64－1 | 8－SL64－1 |
| 业务宿 | 2－PQ1－1 | 2－PQ1－1 |
| 当前状态 | 正常 | 正常 |
| 恢复模式 | 恢复 | 恢复 |
| 等待恢复时间 | 600（s） | 600（s） |
| 拖延时间 | 0（100ms） | 0（100ms） |
| 启动条件 | EXC，SD | EXC，SD |
| 路径状态 | 正常 | 正常 |

## 5.6.2　测试环内光纤断情况下的 SNCP 倒换

环内光纤断情况下的 SNCP 倒换测试步骤如表 5－21 所示：

表 5－21　环内光纤断情况下的 SNCP 倒换测试步骤

| 步骤 | 操作 |
|---|---|
| 1 | 根据图 5－12 所示，将 SDH 分析仪通过 E1 接口连接到 OptiX OSN 3500 设备 |
| 2 | 拔掉 NE1 网元东向的主用光纤或关闭激光器。然后单击网管界面右下角的 <查询> |
| 3 | 查询 NE1 网元 SNCP 保护倒换状态，正常情况下倒换状态为“SF 倒换”，当前工作通道为“备用通道”，如表 5－22 所示。如果不一致，要进行故障处理 |
| 4 | 使用 SDH 分析仪进行 10 分钟误码测试，查看在倒换状态下通道的性能。测试结果应该是无误码。如果上报误码，要进行故障处理 |
| 5 | 恢复光纤连接（打开激光器），在网管上观察 SNCP 状态。正常情况下倒换状态为“等待恢复状态”，如表 5－23 所示。倒换状态应该在 600s 内恢复为“正常状态”。如果在 600s 内没有恢复为“正常状态”，要进行故障处理 |

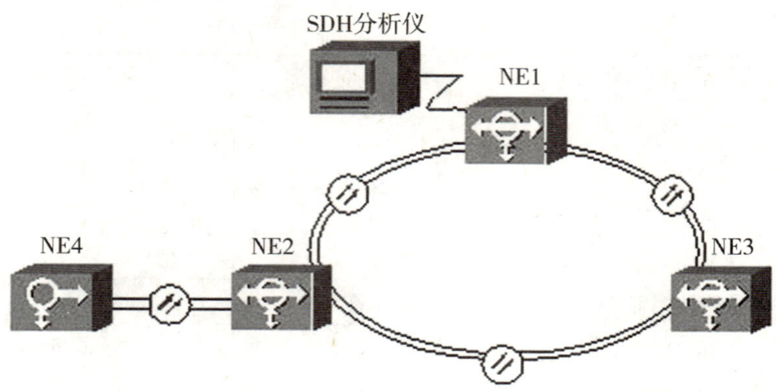


图 5-12　SNCP 测试仪表连接示意图

表 5-22　SNCP 倒换状态—断纤

| 参数项 | 工作业务 | 保护业务 |
|---|---|---|
| 业务源 | 11-SL64-1 | 8-SL64-1 |
| 业务宿 | 2-PQ1-1 | 2-PQ1-1 |
| 当前状态 | SF 倒换 | SF 倒换 |
| 恢复模式 | 恢复 | 恢复 |
| 等待恢复时间 | 600（s） | 600（s） |
| 拖延时间 | 0（100ms） | 0（100ms） |
| 启动条件 | EXC，SD | EXC，SD |
| 路径状态 | SF | 正常 |

表 5-23　SNCP 倒换状态—等待恢复

| 参数项 | 工作业务 | 保护业务 |
|---|---|---|
| 业务源 | 11-SL64-1 | 8-SL64-1 |
| 业务宿 | 2-PQ1-1 | 2-PQ1-1 |
| 当前状态 | 等待恢复状态 | 等待恢复状态 |
| 恢复模式 | 恢复 | 恢复 |
| 等待恢复时间 | 600（s） | 600（s） |
| 拖延时间 | 0（100ms） | 0（100ms） |
| 启动条件 | EXC，SD | EXC，SD |
| 路径状态 | 正常 | 正常 |

提示：

如果无法到站点去拔纤，可以通过网管关闭相应端口的激光器。

### 5.6.3 其他倒换测试

其他倒换测试步骤如表 5－24 所示：

**表 5－24 其他倒换测试步骤**

| 步骤 | 操作 |
|---|---|
| 1 | 在对话框的菜单中选择 进行网元切换，在出现的对话框中选择 NE1，单击 >> |
| 2 | 选中要测试业务的“当前状态”栏，单击鼠标右键。在出现的下拉菜单中选择［强制倒换到保护］，SNCP 业务会强制倒换到备用通道 |
| 3 | 在业务“当前状态”栏，单击鼠标右键，在出现的下拉菜单中选择［查询倒换状态］。SNCP 业务强制倒换状态如表 5－25 所示 |
| 4 | 在“当前状态”栏中单击鼠标右键，在出现的下拉菜单中选择［清除］，将强制倒换清除 |
| 5 | 按照步骤 2～4，进行“人工倒换到保护”的测试，在测试过程中应无异常告警上报 |

**表 5－25 SNCP 倒换状态—强制倒换**

| 参数项 | 工作业务 | 保护业务 |
|---|---|---|
| 业务源 | 11－SL64－1 | 8－SL64－1 |
| 业务宿 | 2－PQ1－1 | 2－PQ1－1 |
| 当前状态 | 强制（主到备）倒换状态 | 强制（主到备）倒换状态 |
| 恢复模式 | 恢复 | 恢复 |
| 等待恢复时间 | 600（s） | 600（s） |
| 拖延时间 | 0（100ms） | 0（100ms） |
| 启动条件 | EXC，SD | EXC，SD |
| 路径状态 | 正常 | 正常 |

提示：

在查询 SNCP 状态时，必须在业务“当前状态”栏单击鼠标右键，在出现的下拉菜单中选择［查询倒换状态］进行查询。界面右下角的 <查询> 不提供 SNCP 倒换的查询。

## 5.7 时钟保护倒换测试

时钟保护倒换测试步骤如表 5－26 所示：

**表 5－26 时钟保护倒换测试步骤**

| 步骤 | 操作 |
|---|---|
| 1 | 通过 T2000 网管，在各网元正确配置了时钟各项参数和创建时钟保护子网 |
| 2 | 在主菜单中选择［配置/时钟视图］ |
| 3 | 分别选定各个网元，在主菜单中选择［时钟视图/网元时钟配置］。在菜单下选择［时钟同步状态］、［时钟源优先级表］、［时钟源恢复参数］、［时钟源倒换条件］、［时钟子网设置］。查询相关参数信息是否正确 |
| 4 | 拔掉 NE1 网元东向的主用光纤或关闭激光器。分别选定各网元，在［时钟/网元时钟配置/时钟源倒换］下，查询各网元的时钟状态是否正常 |
| 5 | 通过网管查询告警，正常情况下会产生 SYNC_C_LOS 告警。如果产生其他告警，则查找故障原因和排除故障 |
| 6 | 通过网管查询是否有指针调整性能数据产生，如果有指针调整事件产生，则查找故障原因和排除故障 |
| 7 | 恢复 NE1 的光纤连接（或开启激光器） |
| 8 | 按照步骤 3～7，完成 NE1 西向时钟倒换的测试 |
| 9 | 同样方法完成 NE2～NE4 的时钟倒换测试 |

提示：

如果无法到站点去拔纤，可以通过网管关闭相应端口的激光器。

# 5.8 全网误码测试

## 5.8.1 测试环内误码

### 5.8.1.1 测试复用段主用通道24小时误码

复用段主用通道24小时误码测试步骤如表5－27所示：

表5－27 复用段主用通道24小时误码测试步骤

| 步骤 | 操作 |
|---|---|
| 1 | 在NE1站测试2M误码，将slot 19～slot 20的D75S在DDF架处的端口按照图5－13串接起来，并与2M误码仪相连 |
| 2 | 完成2M误码仪的接地 |
| 3 | 将NE2的slot 19～slot 20的D75S在DDF架处的端口按照图5－13串接并将RX和TX连接起来进行环回 |
| 4 | 进行网管设置，对所有业务通道及光路设置性能和告警进行监视（15分钟/24小时）。并清除原有性能和告警历史数据，以免误判，并保证24小时以上的测试时间 |
| 5 | 进行24小时误码测试，测试结果为0误码。允许有少量指针调整（24小时小于6个） |

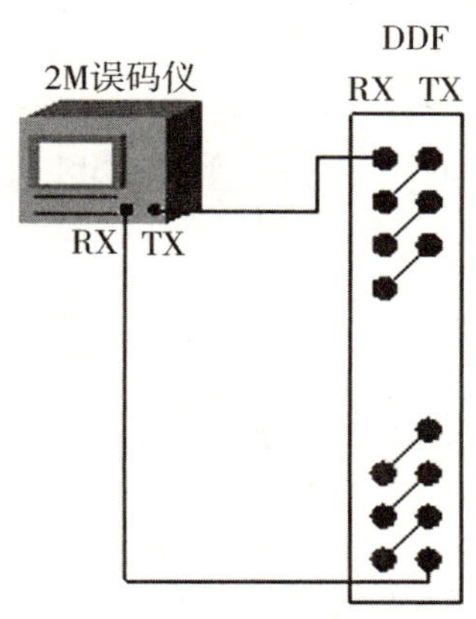


图5－13 电接口串行连接示意图

提示：

如果第一个24小时测试有误码，应继续进行第二个24小时误码测试，并排除故障，直至测试通过。

如果串测有误码，则用二分法再测试以定位故障，或用其他方法定位故障，直至每一个通道单独测试24小时误码合格。

2M误码仪如有打印功能，要设置在打印状态。

#### 5.8.1.2 测试复用段备用通道12小时误码

复用段备用通道12小时误码测试步骤如表5－28所示：

**表5－28 复用段备用通道12小时误码测试步骤**

| 步骤 | 操作 |
|---|---|
| 1 | 拔掉NE1网元东向的主用光纤或关闭激光器，进入复用段倒换状态 |
| 2 | 进行网管设置，对所有业务通道及光路设置性能和告警进行监视（15分钟/24小时）。清除原有性能和告警历史数据，以免误判，并保证12小时以上的测试时间 |
| 3 | 进行12小时误码测试，测试结果为0误码。允许有少量指针调整（12小时小于6个） |

提示：

如果无法到站点去拔纤，可以通过网管关闭相应端口的激光器。

注意：

（1）测试期间，测试环境应禁止无关人员接触，禁止随意触摸光纤、电线、电缆。

（2）在测试环境附近应禁止进行电源设备的插拔操作。

### 5.8.2　测试环到链上业务的误码

#### 5.8.2.1　测试主用通道误码

主用通道误码测试步骤如表 5－29 所示：

表 5－29　主用通道误码测试步骤

| 步骤 | 操作 |
|---|---|
| 1 | 在 NE1 站测试 2M 误码，将 slot 19～slot 20 的 D75S 在 DDF 架处的端口按照图 5－13 串接起来，并与 2M 误码仪相连 |
| 2 | 完成 2M 误码仪的接地 |
| 3 | 将 NE4 的 slot 19～slot 20 的 D75S 在 DDF 架处的端口按照图 5－13 串接并将 RX 和 TX 连接起来进行环回 |
| 4 | 进行网管设置，对所有业务通道及光路设置性能和告警进行监视（15 分钟/24 小时）。清除原有性能和告警历史数据，以免误判，并保证 24 小时以上的测试时间 |
| 5 | 进行 24 小时误码测试，测试结果为 0 误码。允许有少量指针调整（24 小时小于 6 个） |

#### 5.8.2.2　测试复用段备用通道 12 小时误码

复用段备用通道 12 小时误码测试步骤如表 5－30 所示：

表 5－30　复用段备用通道 12 小时误码测试步骤

| 步骤 | 操作 |
|---|---|
| 1 | 拔掉 NE1 网元东向的主用光纤或关闭激光器，进入 SNCP 保护倒换状态 |
| 2 | 进行网管设置，对所有业务通道及光路设置性能和告警进行监视（15 分钟/24 小时）。清除原有性能和告警历史数据，以免误判，并保证 24 小时以上的测试时间。 |
| 3 | 进行 12 小时误码测试，测试结果为 0 误码。允许有少量指针调整（12 小时小于 6 个） |

# 6　故障分析及处理方法

本章节旨在通过介绍一些故障定位的方法来帮助维护人员分析和定位故障，通过一些典型的故障来阐述常用故障定位方法的应用。本章节以华为的设备为例进行介绍。

## 6.1　故障定位基本思路和方法

### 6.1.1　故障定位的基本原则

故障定位的关键是将故障准确定位到单站，其基本原则如图6－1所示：

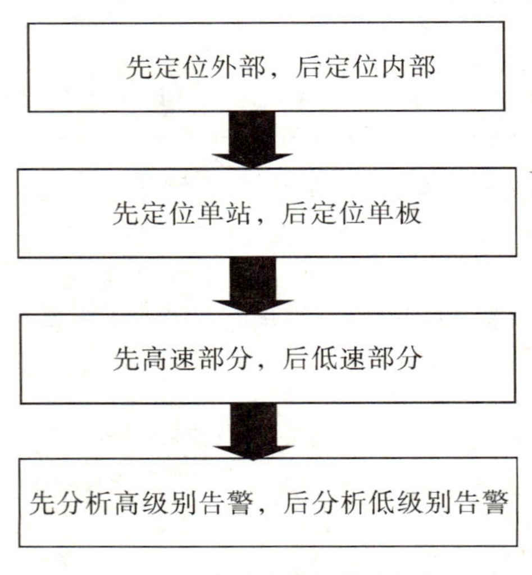


图6－1　故障定位的基本原则

## 6.1.2 故障处理方法

光传输设备故障处理常用方法主要有七大类：告警和性能分析方法、环回法、替换法、配置数据分析法、更改配置法、仪表测试法、经验法。如图 6－2 所示：

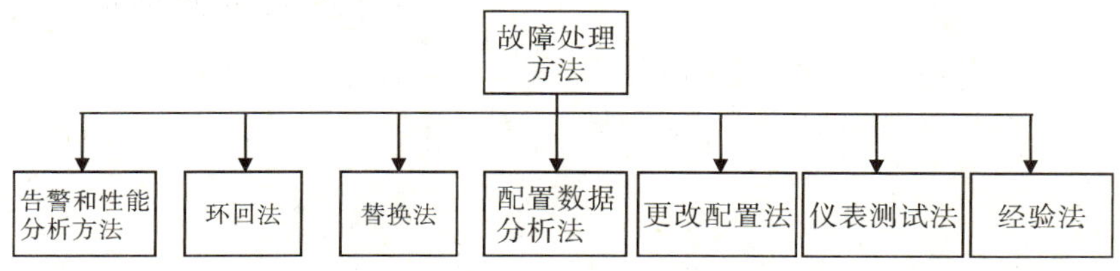


图 6－2 故障处理常用方法

### 6.1.2.1 告警和性能分析法

1. 分析过程

（1）通过设备告警指示灯获取告警信息，有两种方法：

①通过机柜顶部的告警指示灯查看告警；

②通过单板告警指示灯查看告警。

注：这种方法适用于设备维护人员配合处理故障时使用。

缺点：

①设备指示灯仅反映设备当前的运行状态，无法表示设备曾经出过的故障；

②设备指示灯状态只能反映设备告警级别，而不能准确告知具体告警。

（2）通过网管获取告警和性能信息。

注：这种方法适用于网管维护人员处理故障使用。

优点：

①不仅是一个站、一块板的故障信息，而且是全网设备的故障信息。

②能够获取设备当前存在哪些告警、告警发生时间，以及设备的历史告警；能够获取设备性能事件的具体数值。

2. 应用举例

告警和性能分析法的应用例子如图 6－3 所示：

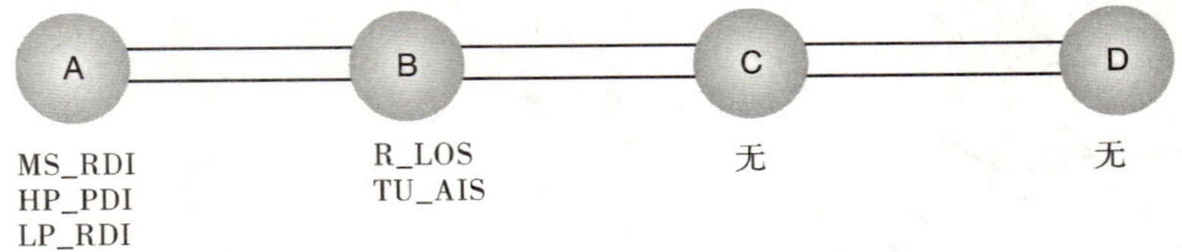


图 6－3　告警和性能分析法应用例子

（1）分析。

①因网元 B 有 R_LOS，从而网元 A 相应光路有 MS_RDI、HP_RDI；

②因网元 B 有 TU_AIS，并且 TU_AIS 业务是与网元 A 业务，从而网元 A 相应通道有 LP_RDI；

③网元 B 的 R_LOS 告警会导致 TU_AIS。

（2）结论。

所有告警均由网元 B 的 R_LOS 引起，说明 A 到 B 传输方向光路故障。

#### 6.1.2.2　环回法

环回法又分为软件环回/硬件环回、内环回/外环回、线路环回/支路环回、端口环回/VC4 环回。如图 6－4 所示：

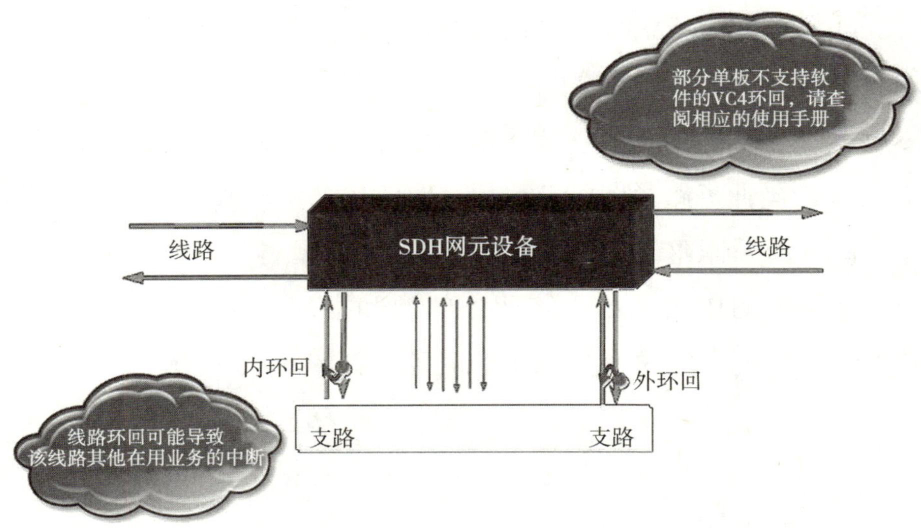


图 6－4　环回法示意图

1. 环回法的步骤

环回法的步骤如图 6－5 所示：

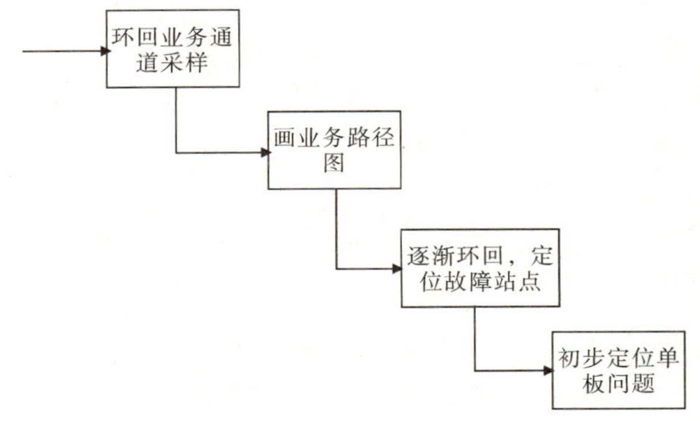


图 6－5　环回法的步骤

2. 应用举例

(1) 环回业务通道采样。

①从多个有故障的站点中选择一个站点；

②从所选择站点的多个故障业务通道中选择其中的一个业务通道。由于自环第一个 VC4 通道，可能会影响 ECC 通信，因此尽量不要选择第一个 VC4 通道内的业务。

(2) 画业务路径图。

画出所采样业务一个方向的路径图。

在路径图中表示出：该业务的源和宿，该业务所经过的站点，该业务所占用的 VC4 通道和时隙。如图 6-6 所示：

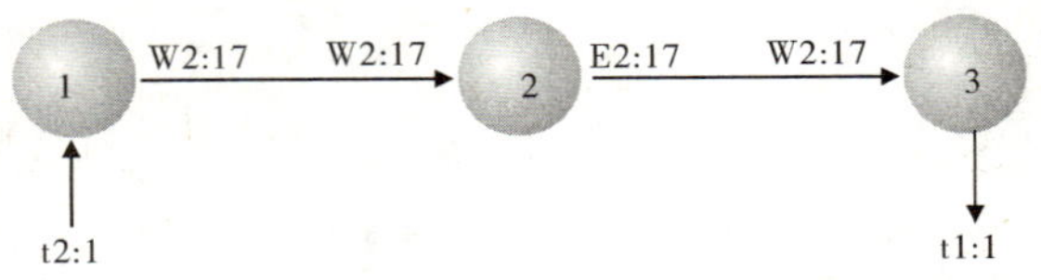


图 6-6 业务路径图示意图

①逐段环回，定位故障站点。

依据中断业务的路径图，在 3 号站第 1 块支路板的第 1 个 2M 通道外接一个 2M 误码仪，以监测业务好坏。如图 6-7 所示：

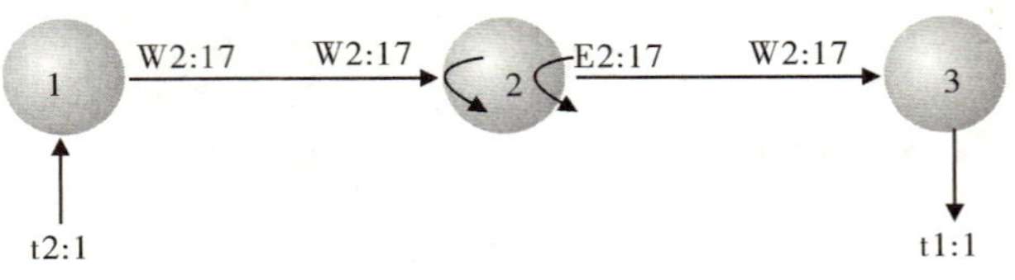


图 6-7 逐段环回，定位故障站点示意图

②根据环回现象，初步定位故障单板。

#### 6.1.2.3 替换法

替换法就是使用一个工作正常的物件去替换一个被怀疑工作不正常的物件，可替换物件包括线缆、光纤、法兰盘、电源、单板、设备等。

1. 适用场合

（1）排除传输外部设备的问题；

（2）故障定位到单站后，怀疑单站内单板或附件有问题。

2. 应用举例

（1）例子描述。

①业务配置：2－PQ1 板 63 个 2M 配置双向业务到 5－S16 做单站调试，使用设备为 2500＋。

②故障描述：2－PQ1 板第 40 个 2M 上报 T_ALOS 告警，其他 2M 通道正常。通过网管对第 40 个 2M 做内环回，T_ALOS 消失。DDF 架环回故障依然存在。

（2）替换法处理步骤，如图 6－8 所示：

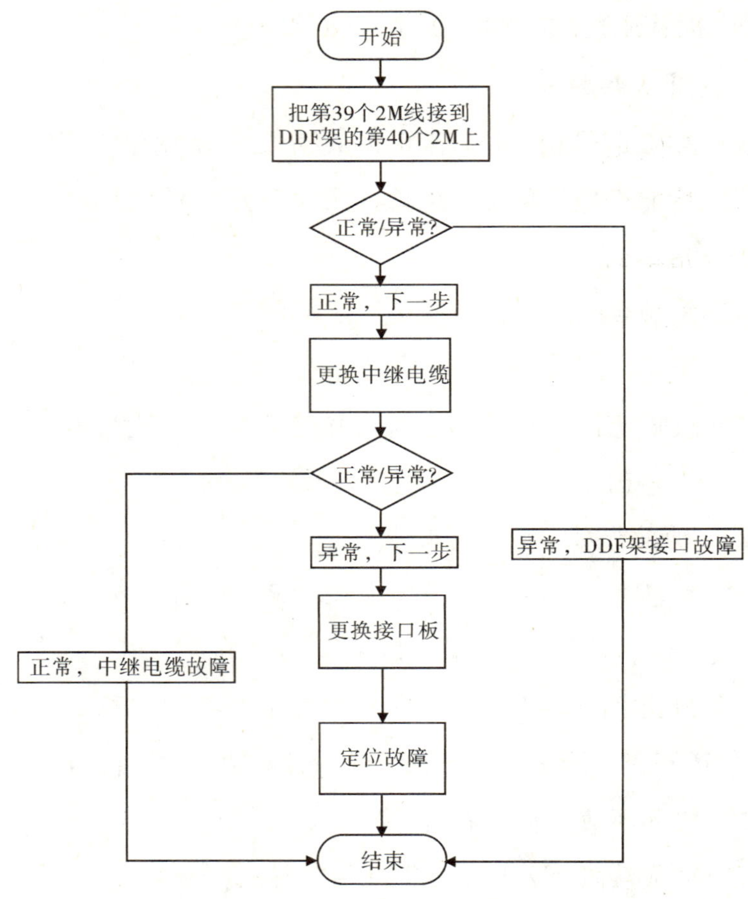


图6－8　替换法处理流程图

#### 6.1.2.4　配置数据分析法

配置数据分析法不仅限于以下方法：

HP_TIM：J1 字节设置；

HP_SLM：C2 字节设置；

TU_AIS/AU_AIS：SDH 业务配置；

TPS 倒换下业务中断：检查 TPS 保护设置；

MSP 环倒换下业务中断：MSP 节点参数设置；

SNCP 环倒换下业务中断：通道保护属性设置。

1. 适用场合

（1）故障定位到单站后，用以进一步定位故障；

（2）特定告警，如：HP_TIM、HP_SLM 等。

2. 应用举例

配置数据分析法应用例子如图 6－9 所示：

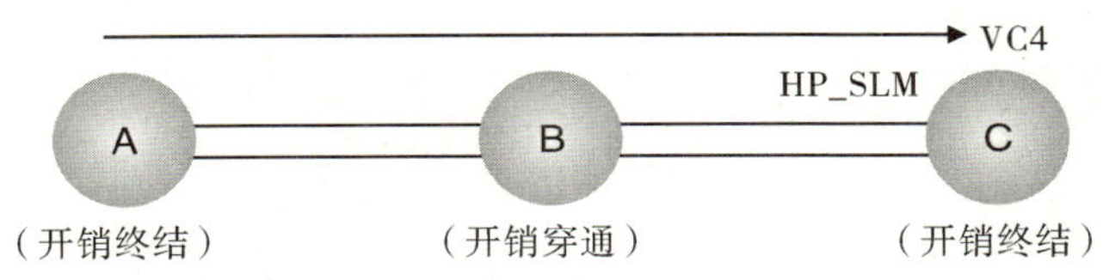


图 6－9　配置数据分析法例子

（1）分析。

①HP_SLM 告警与 C2 字节相关，为实收 C2 与应收 C2 不匹配；

②网元 B 开销穿通，对 C2 字节作穿通处理。

（2）处理步骤。

①检查网元 C 接受方向的应收/实收 C2 字节；

②检查网元 A 发送方向的应发 C2 字节。

#### 6.1.2.5　更改配置法

更改配置法不仅限于以下方法：

更改时钟配置：时钟告警、指针调整；

更改板位配置：怀疑单板或母板槽位故障；

更改时隙配置：将故障定位到单站、判定线路或支路故障；

更改单板参数配置：以太网故障、对接故障。

1. 适用场合

（1）有空余时隙、通道或槽位；

（2）一个 VC4 中部分时隙业务中断情况。

2. 应用举例（图 6－10）

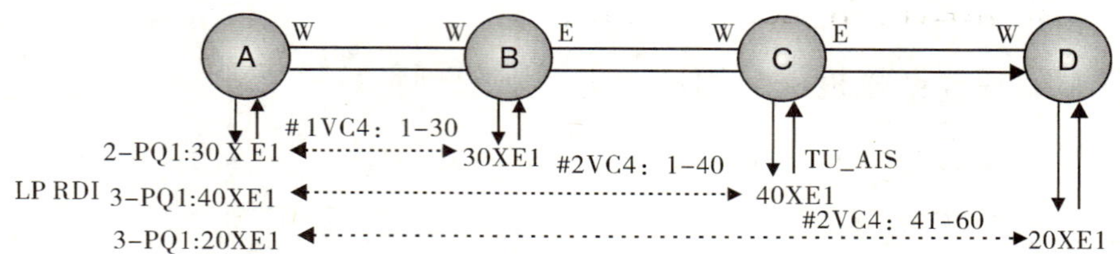


图 6－10　更改配置法例子

（1）故障描述。

①网元 C 收网元 A 方向所有 2M 业务中断；

②其他网元的业务正常。

（2）可能原因。

①C 站 PQ1 故障；

②A 站 3－PQ1 故障。

（3）更改配置。

配置一条从网元 A 到网元 B 的 E1 业务，使用第二个 VC4，如图 6－11 所示：

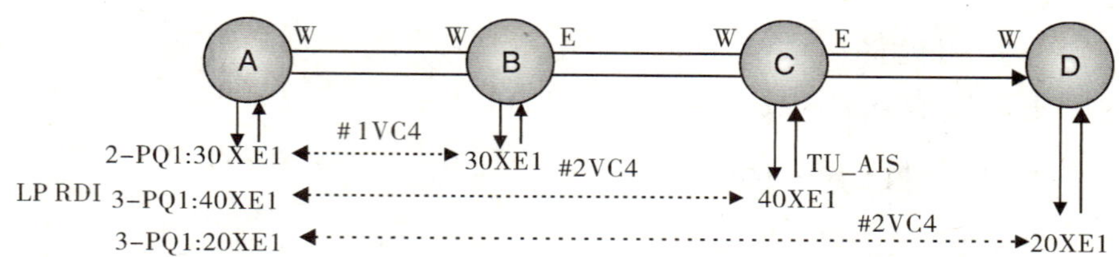


图 6－11　更改配置示意图

如网元 B 有 TU_AIS，则网元 A PQ1 板故障；如无任何告警，则网元 C PQ1 板故障。

#### 6.1.2.6 仪表测试法

仪表测试法不仅限于以下方法：

光功率计：R_LOS、R_LOF；

万用表：接地或是电压问题；

SDH 分析仪：误码等问题。

1. 适用场合

（1）排除传输设备外部问题。

（2）设备对接问题。

（3）设备性能指标问题。

2. 应用举例

仪表测试法的应用例子如图 6－12 所示：

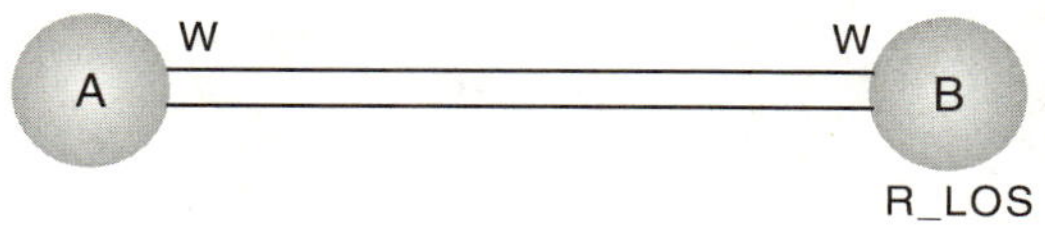


图 6－12　仪表测试法例子

（1）故障描述：B 站收 R_LOS。

（2）可能原因。

①A 到 B 方向光纤故障；

②A 站光板发送故障；

③B 站光板接收故障。

（3）仪表测试—光功率计：R_LOS，测试流程见图 6－13 所示：

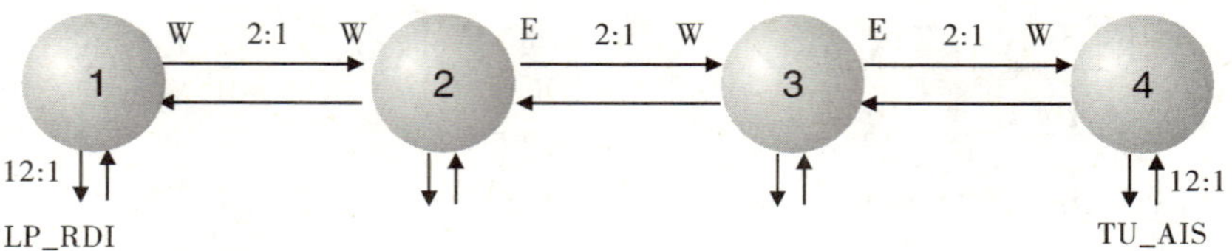


图 6－13　光功率计查找 R_LOS 问题

#### 6.1.2.7　经验法

经验法不仅限于以下方法：

复位单板；

单站重启；

重新下发配置；

将业务倒换到备用通道。

注：该方法不能彻底查清故障原因，除非不得已，建议使用其他方法。

适用场合：仅作为应急处理时使用，可临时恢复业务。

#### 6.1.2.8　故障处理方法比较分析

光传输设备故障处理方法众多，每种方法的适用范围及特点各有不同，具体见下表故障处理方法比较分析：

故障处理方法比较分析

| 序号 | 方法 | 适用范围 | 特点 |
|---|---|---|---|
| 1 | 告警和性能分析法 | 通用 | 全网把握，可预见设备隐患；不影响正常业务 |
| 2 | 环回法 | 将故障定位到单站，或分离外部故障 | 不依赖于告警、性能事件的分析；快捷；可能影响 ECC 及正常业务 |

（续上表）

| 序号 | 方法 | 适用范围 | 特点 |
|---|---|---|---|
| 3 | 替换法 | 将故障定位到单板，或分离外部故障 | 简单；对备件有需求 |
| 4 | 配置数据分析法 | 将故障定位到单板 | 可查清故障原因；定位时间长 |
| 5 | 更改配置法 | 将故障定位到单板，排除指针调整问题 | 复杂 |
| 6 | 仪表测试法 | 分离外部故障，解决对接问题 | 具有说服力；对仪表有要求 |
| 7 | 经验法 | 特殊情况 | 操作简单 |

## 6.2 常见告警原因分析

设备常见告警有：

（1）SDH 接口板常见告警。

（2）PDH 接口板常见告警。

（3）交叉板常见告警。

（4）时钟板常见告警。

（5）主控板常见告警。

（6）复用段常见告警。

### 6.2.1 SDH 接口板常见告警分析

SDH 接口板分为 SL64、S16、SL4、SLQ4、SD4、SL1、SQ1、SQE 等单板。

#### 6.2.1.1 R－LOS 告警

接收侧数据信号丢失，是最常见的告警。一般是光纤断或光路衰耗过大。

6.2.1.2 R－LOF 告警

在接收端检测到定帧字节 A1≠f6H、A2≠28H，说明接收侧帧同步丢失。一般由光板故障或光路故障引起。

6.2.1.3 B2－EXC 告警

B2 误码过量。检测到 B2 误码块个数超过规定值。

6.2.1.4 MS－REI 告警

线路板所连的对端站检测到有 B2 误码块，向本站传回 M1 字节（M1 字节表示误码块个数）。

6.2.1.5 MS－AIS 告警

检测接收到的复用段开销字节 K2（bit6、7、8）＝111 时，上报此告警。告警含义是整个 STM－N 帧内除 STM－N RSOH 外全部为“1”。一般由 R－LOS 告警引起或上游站传递过来。

6.2.1.6 MS－RDI 告警

检测接收到的复用段开销字节 K2（bit6、7、8）＝110。一般由下游站回告上来，表示下游站接收到的本站信号有故障，说明本站与对端线路板之间有问题。

6.2.1.7 AU－AIS 告警

某个 AU4 的 H1H2H3 全为“1”。一般由 R－LOS、MS－AIS 告警引起，常见业务配置有问题，如前站业务未穿通到本站。

6.2.1.8 HP－RDI 告警

检测接收到的高阶通道开销字节 G1（bit5）＝1。一般由对端复用段或高阶通道故障引起。

6.2.1.9 AU－LOP 告警

检测到 AU 指针 H1、H2 字节非法。常见的是业务时隙冲突。

#### 6.2.1.10 HP－TIM 告警

高阶通道追踪识别符失配告警，一般由两端光板的追踪识别符不一致引起。该告警不一定影响业务。

### 6.2.2 PDH 接口板常见告警分析

PDH 接口板包括 PQ1、PD1、PL3 等单板。

#### 6.2.2.1 TU－AIS 告警

VC－12 和 TU－12 指针全部为“1”。一般由线路板、交叉板或支路板故障引起，或者业务故障。

#### 6.2.2.2 LP－RDI 告警

检测接收到的低阶通道开销字节 V5（bit8）＝1。一般是 TU－AIS告警的对告。

#### 6.2.2.3 TU－LOP 告警

检测到 TU 指针 V1、V2 字节非法。一般在下时隙配置或新增时隙配置时发生时隙冲突。

#### 6.2.2.4 T－ALOS 告警

2M 模拟信号丢失，一般是尚未交换业务或 DDF 架 2M 线接触不良，是最常见的告警。

#### 6.2.2.5 PS 告警

保护倒换告警。若支路板设置为保护方式，也会出现此告警，一般发生在通道环上（5.0 平台一般无此告警）。

### 6.2.3 交叉板常见告警分析

#### 6.2.3.1 PS 告警

复用段保护倒换告警，或 TPS 发生保护倒换。

#### 6.2.3.2 Hard - Bad 告警

硬件坏告警，需要及时进行更换。

#### 6.2.3.3 Temp - Over 告警

工作温度越限告警，影响交叉板正常工作，需要及时排除该告警，如清扫防尘网等。

#### 6.2.3.4 MS - SW 告警

交叉板主备倒换告警（只有 2500 + 设备支持）。

#### 6.2.3.5 W_OFFLINE 告警

拉手条离位告警（只有 10G 设备支持）。

### 6.2.4 时钟板常见告警分析

#### 6.2.4.1 LTI 告警

如果配置了内部源以外的源，但所有的时钟源都不满足被选条件，时钟保持在工作或自由振荡模式，则上报 LTI 告警。如果是外部命令（强制或人工）倒换到内部源，则不上报该告警。

#### 6.2.4.2 SYNC_C_LOS 告警

同步源级别丢失，在非 SSM 模式下，若配置的时钟源丢失，就会产生此告警。

#### 6.2.4.3 EXT_SYNC_LOS 告警

外同步时钟源丢失告警。如果优先级表中配置了外部源，当外部源失效后，会产生外部源丢失告警。

#### 6.2.4.4 SYN_BAD 告警

同步源劣化。可能是跟踪的时钟源劣化严重或者交叉时钟板本身故障所致。

## 6.2.5 主控板常见告警分析

### 6.2.5.1 WRG_BDTYPE 告警

配置错误告警。实际插的单板与该板位定义的类型不一致。如公务板位定义为 OHP 类型，实际所插板为 OHP2 板。

### 6.2.5.2 FAN_FAIL 告警

风扇失效或风扇电源未开，需要及时处理。

### 6.2.5.3 MAIL_ERR 告警

邮箱故障，需进一步分析是与哪块单板的邮箱通信出现故障，以便及时排除故障。

### 6.2.5.4 NESTATE_INSTALL 告警

网元处于安装状态，需要重置配置。

## 6.2.6 复用段常见告警分析

### 6.2.6.1 APS_INDI 告警

保护倒换指示，说明网络上发生了复用段保护。

### 6.2.6.2 APS_FAIL 告警

保护倒换失败指示，需查询复用段参数、协议状态等信息来进一步定位倒换失败的原因。

### 6.2.6.3 APS_PARA_ERR 告警

ECC 复用段校验时，如果节点参数不正确，会上报复用段节点参数，校验失败。

### 6.2.6.4 APS_TYPE_ERR 告警

复用段协议类型不匹配，需要统一全网复用段协议类型。

## 6.3 典型故障的分析处理

本小节主要介绍较为常见的两类故障：

（1）业务中断类故障。

（2）误码类故障。

### 6.3.1 业务中断类故障

#### 6.3.1.1 可能原因

业务中断类故障可能原因：

1. 外部原因

（1）供电电源故障。

（2）接地故障。

（3）环境异常。

（4）光纤、电缆故障。

2. 人为原因

（1）误操作设置了光路或支路通道的环回。

（2）误操作更改、删除配置数据，设置业务未装载。

3. 设备本身故障

单板失效或性能不好。

#### 6.3.1.2 定位方法及定位步骤

1. 业务中断类故障的定位方法

（1）告警分析法。

（2）更改配置法。

（3）逐段环回法。

（4）替换法。

2. 业务中断类故障的定位步骤

（1）检查各站登录是否正常。

（2）检查有无设备告警，如 BD_STATUS、NO_BD_SOFT 等。

（3）检查保护倒换是否正常。

（4）分析故障，通过环回或更改配置定位到单站。

（5）将故障进一步定位并解决。

### 6.3.1.3 案例 1：无保护链

业务中断类故障案例 1 无保护链，如图 6 - 14 所示：

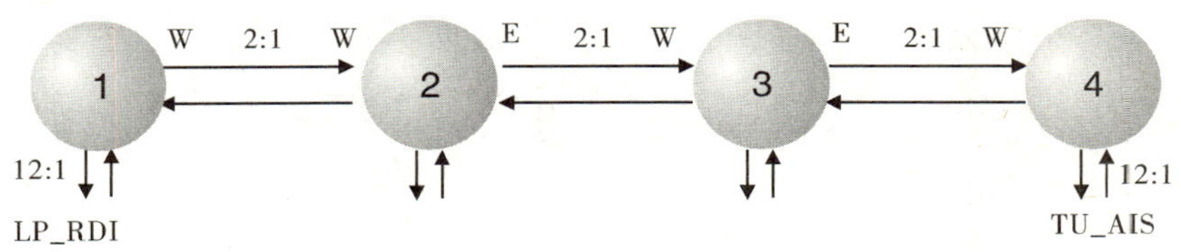


图 6 - 14 业务中断类故障案例 1 无保护链示意图

1. 网络配置

（1）网元 1 为中心节点，为网关网元。

（2）其他各点之间没有业务。

2. 故障描述

（1）网元 1 和网元 4 的 E1 业务中断：

①节点 4：TU_AIS；

②节点 1：LP_RDI。

（2）其他各站业务正常，无其他告警。

3. 分析处理过程

（1）采用告警分析法分析，分析过程如图 6 - 15 所示。如检查发现网元1到4的业务配置正确，则转到第（2）步骤。

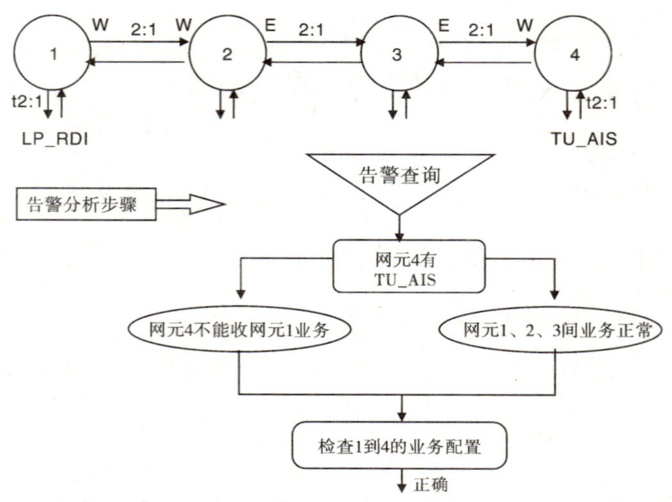


图6－15　采用告警分析法分析无保护链问题

（2）采用逐段环回法分析，定位故障分析过程如图6－16所示：

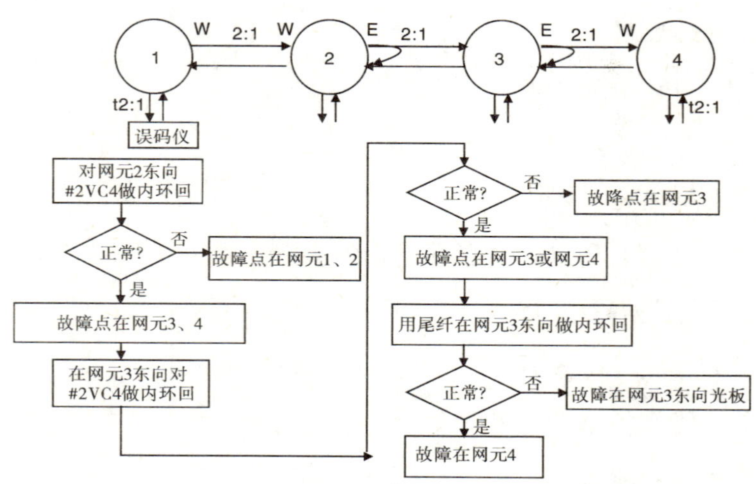


图6－16　采用逐段环回分析法分析无保护链问题

（3）采用替代法分析，分析过程如图 6－17 所示：

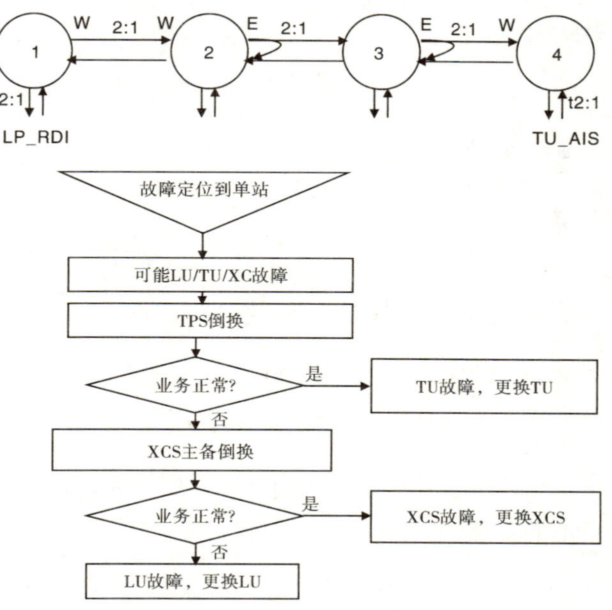


图 6－17 采用替代分析法分析无保护链问题

### 6.3.1.4 案例 2：SNCP 环

业务中断类故障案例 2 SNCP 环，如图 6－18 所示：

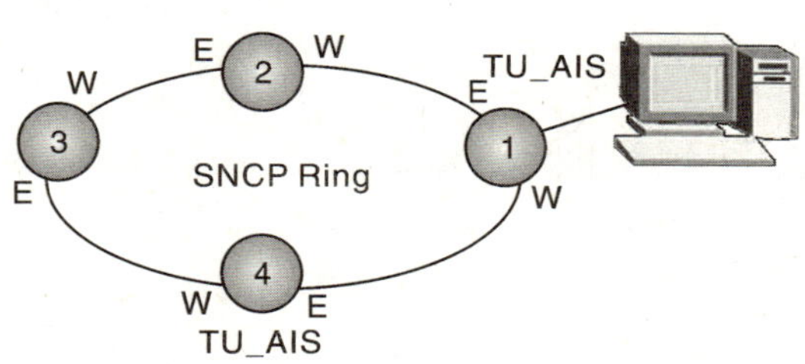


图 6－18 业务中断类故障案例 2 SNCP 环示意图

1. 网络配置

（1）网元 1 为中心节点，各点有和网元 1 的业务往来。

（2）其他各点间无业务往来。

2. 故障描述

（1）网元 1 和网元 4 间 2M 业务中断：网元 1，4：TU_AIS。

（2）其他各站业务正常。

3. 分析处理过程

SNCP 环分析过程如图 6－19 所示。步骤如下：

（1）先强制倒换以尽快恢复业务。

（2）告警/性能分析。

（3）检查配置数据是否正确。

（4）断开网元 1 和网元 4 光纤，转化为链处理。

（5）链处理过程见 6. 3. 1. 3 小节。

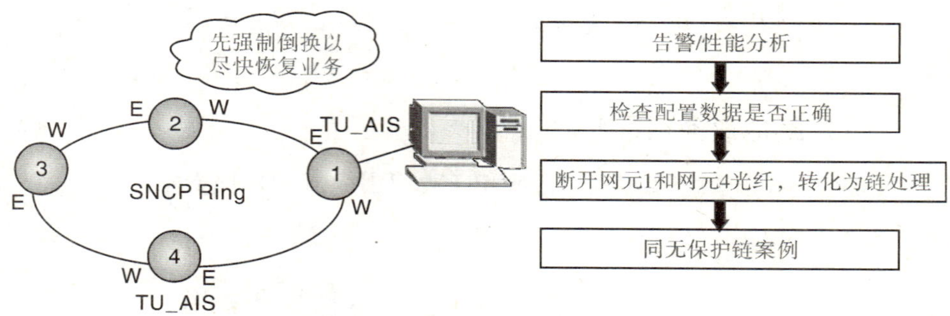


图 6－19　业务中断类故障案例 2 SNCP 环分析处理过程

#### 6.3.1.5　案例3：MSP环

业务中断类故障案例3 MSP环，如图6-20所示：

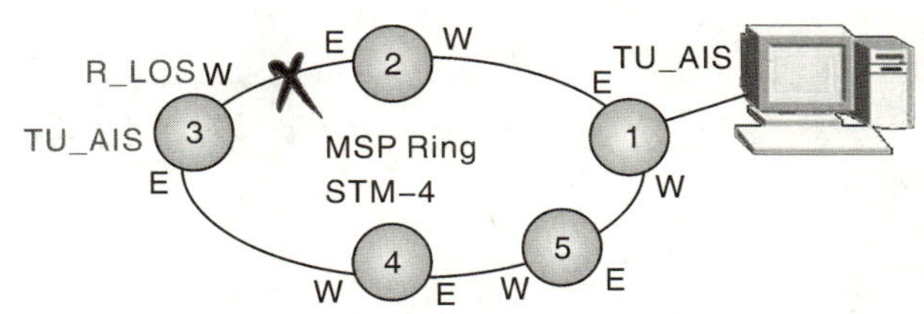


图6-20　业务中断类故障案例3 MSP环示意图

1. 网络配置

(1) 网元1为中心节点，各站均有到网元1的业务。

(2) 其他各站之间没有业务。

(3) 业务均按最短路径配置。

2. 故障描述

(1) 网元2与网元3之间光纤中断：R_LOS。

(2) 网元1与网元3之间E1业务中断：TU_AIS。

(3) 其他业务正常。

3. 分析处理过程

MSP环分析过程如图6-21所示：

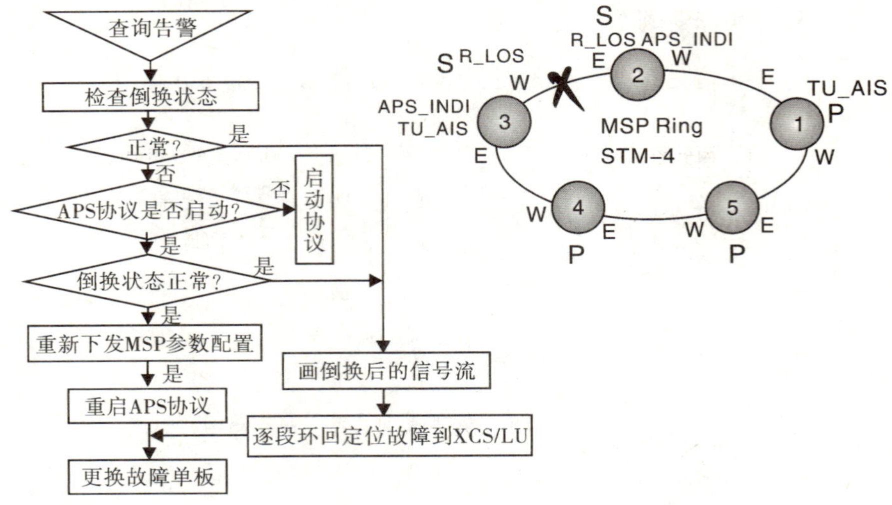



图 6－21　业务中断类故障案例 3 MSP 环分析处理过程

具体步骤如下：

（1）查询告警状态，进行告警分析。

（2）检查倒换状态，如果正常进入画倒换后的信号流，则逐段环回定位故障到 XCS/LU，最后更换故障单板，否则进入第（3）步。

（3）检查 APS 协议是否启动，如果尚未启动，则启动协议，否则进入第（4）步。

（4）检查倒换状态是否正常，如果正常进入画倒换后的信号流，则逐段环回定位故障到 XCS/LU，最后更换故障单板，否则进入第（5）步。

（5）重新下发 MSP 参数配置，检查倒换状态是否正常，如果正常进入画倒换后的信号流，然后逐段环回定位故障到 XCS/LU，最后更换故障单板，否则进入第（6）步。

（6）重启 APS 协议，更换故障单板。

倒换前后路由状态如图 6－22 所示：

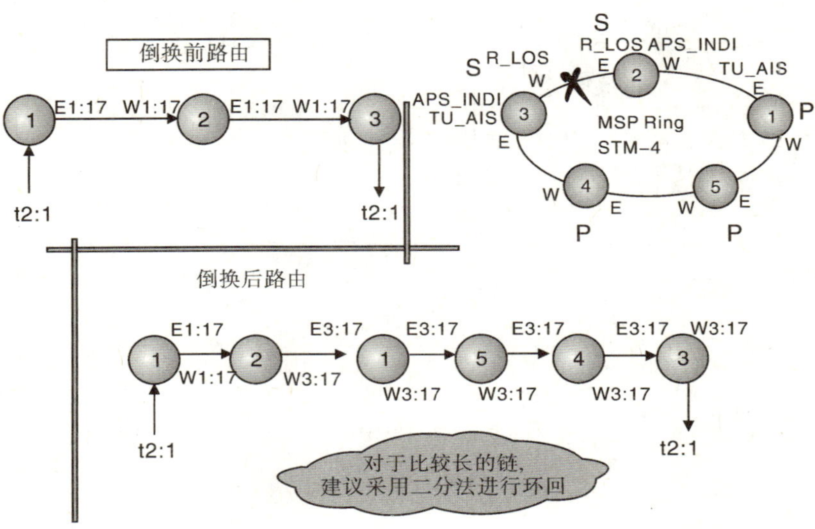


图 6－22　倒换前后路由状态示意图

## 6.3.2　误码类故障

### 6.3.2.1　可能原因

误码类故障可能原因：

1. 外部原因

（1）光功率问题。

（2）接地故障。

（3）环境温度。

（4）电缆故障。

（5）设备外部干扰（瞬时大误码）。

2. 人为原因

时钟配置错误。

3. 设备本身故障

单板失效或性能不好（交叉、时钟、线路、支路）。

#### 6.3.2.2 定位步骤

误码类故障定位步骤如图 6－23 所示：

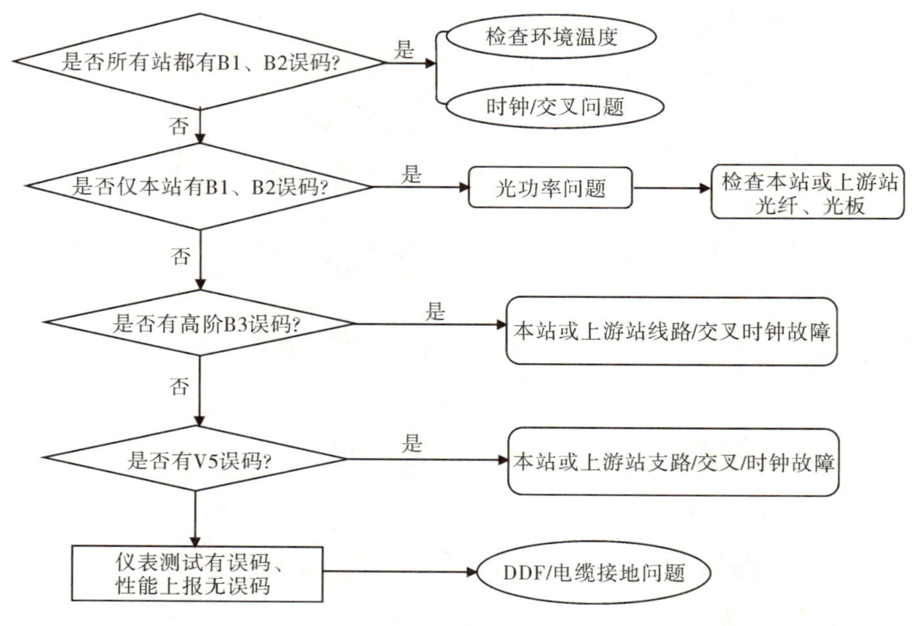


图 6－23 误码类故障定位步骤

误码类故障定位步骤具体如下：

（1）检查是否所有站都有 B1、B2 误码，如果是则检查环境温度和时钟/交叉问题，如果不是则进入第 2 步。

（2）检查是否仅本站有 B1、B2 误码，如果是则为光功率问题，检查本站或上游站光纤、光板，否则进入第 3 步。

（3）检查是否有高阶 B3 误码，如果是则为本站或上游站线路/交叉/时钟故障，否则进入第 4 步。

（4）检查是否有 V5 误码，如果是则为本站或上游站支路/交叉/时钟故障，否则进入第 5 步。

（5）如果仪表测试有误码、性能上报无误码，则为 DDF/电缆接地问题。

#### 6.3.2.3 案例 1：无保护链

误码类故障案例 1 无保护链，如图 6－24 所示：

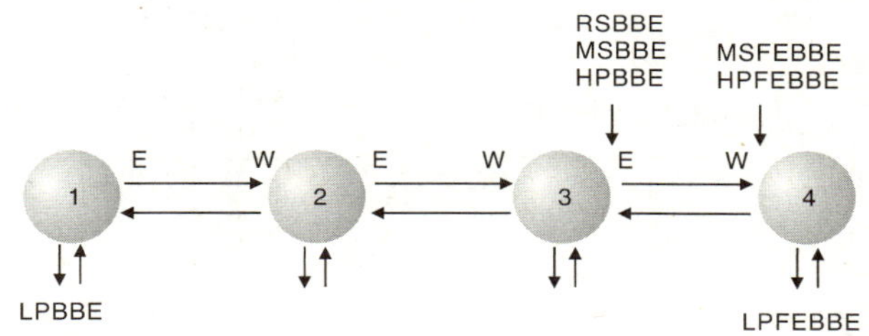


图 6－24 误码类故障案例 1 无保护链示意图

1. 网络配置

（1）网元 1 为中心节点，其他点均与网元 1 有业务。

（2）其他各点间无业务往来。

2. 故障描述

（1）网元 3 东向有大量 RSBBE、MSBBE、HPBBE。

（2）网元 4 西向有 MSFEBBE、HPFEBBE、LPFEBBE。

（3）网元 1 有 LPBBE。

3. 分析处理过程

误码类故障无保护链分析步骤如下：

（1）通过告警性能分析，初步定位故障在网元 3 与网元 4 之间（见图6-25），进入第（2）步。

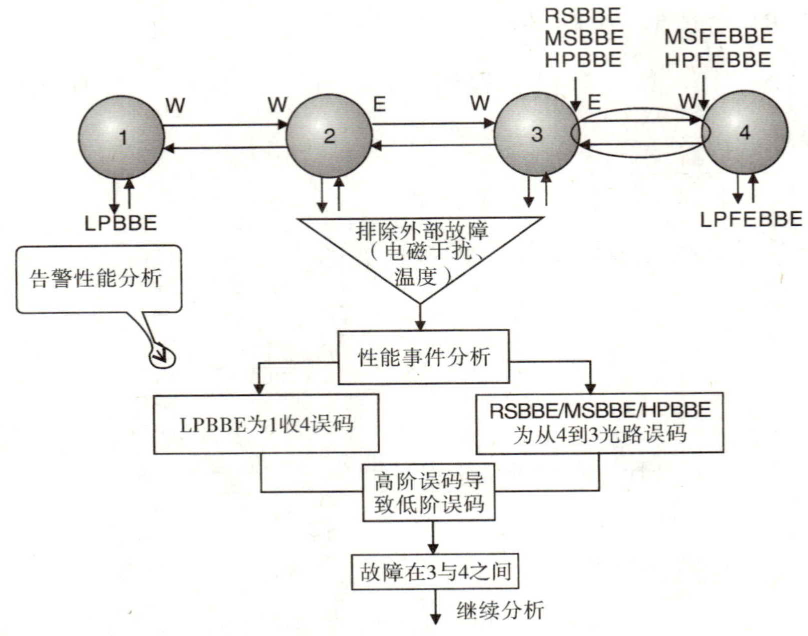


图6-25　告警性能初步分析

（2）检查网元3和网元4的风扇和温度，如果发现不正常则解决该问题即可。如果风扇和温度正常，则用仪表测试光功率（通过性能查询），如果不正常则使用替换法来对替换光纤、接头、法兰盘、单板作进一步分析（见图6-26），否则进入第（3）步。

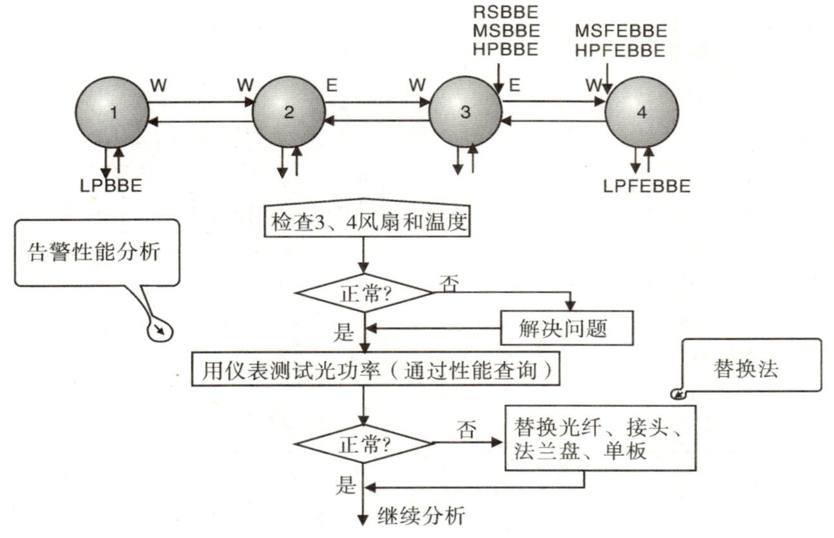


图6－26　告警性能深入分析及替换法初步分析

（3）通过环回法、替换法来最终定位故障，如图6－27所示：

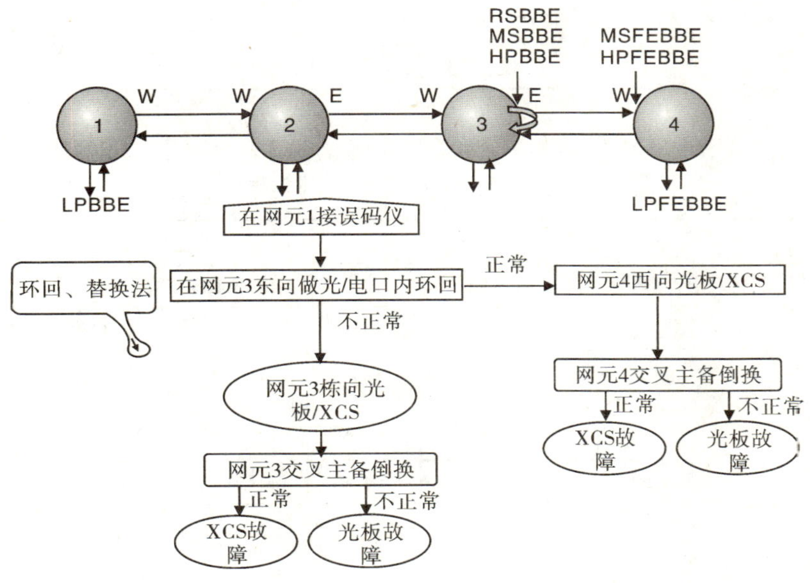


图6－27　定位误码类故障

# 附录 A　接口技术指标

**表 1　155M、2M 电接口技术指标**

<table>
<tr><th rowspan="2">接口</th><th colspan="2">输入口允许衰减</th><th colspan="3">输入口反射衰减</th><th rowspan="2">输出口比特率（包括 AIS）（bit/s）</th></tr>
<tr><th>衰减范围（dB）</th><th>测试频率（kHz）</th><th>测试频率（kHz）</th><th>反射衰减（dB）</th><th>阻抗（Ω）</th></tr>
<tr><td>155M</td><td>0 ~ 12.7</td><td>78 000</td><td>8 000 ~ 240 000</td><td>≥15</td><td>75</td><td>155 520 000 ± 3 111</td></tr>
<tr><td rowspan="3">2M</td><td rowspan="3">0 ~ 6</td><td rowspan="3">1 024</td><td>51.2 ~ 102.4</td><td>≥12</td><td rowspan="3">75 或 120</td><td rowspan="3">2 048 000 ± 102.4</td></tr>
<tr><td>102.4 ~ 2 048</td><td>≥18</td></tr>
<tr><td>2 048 ~ 3 072</td><td>≥14</td></tr>
</table>

**表 2　STM－1 光接口技术指标**

<table>
<tr><th>项目</th><th>单位</th><th colspan="4">数值</th></tr>
<tr><td>标称比特速率</td><td>kbit/s</td><td colspan="4">155 520</td></tr>
<tr><td>应用分类代码</td><td></td><td>S－1.1</td><td>L－1.1</td><td>L－1.2</td><td>L－1.2JE</td></tr>
<tr><td>工作波长范围</td><td>nm</td><td>1 261 ~ 1 360</td><td>1 280 ~ 1 335</td><td>1 480 ~ 1 580</td><td>1 480 ~ 1 580</td></tr>
<tr><td>光源类型</td><td></td><td>MLM</td><td>MLM</td><td>SLM</td><td>SLM</td></tr>
</table>

（续上表）

| 项目 | | 单位 | 数值 | | | |
|---|---|---|---|---|---|---|
| 发送机在 S 点特性 | 最大（rms）谱宽 | nm | 7.7 | 4 | | |
| | 最大 -20dB 谱宽 | nm | — | — | 1 | 1 |
| | 最小边模抑制比 | dB | — | — | 30 | 30 |
| | 最大平均发送功率 | dBm | -8 | 0 | 0 | 0 |
| | 最小平均发送功率 | dBm | -15 | -5 | -5 | -4 |
| | 最小消光比 | dB | 8．2 | 10 | 10 | 10 |
| SR 点光通道特性 | 衰减范围 | dBm | 0～12 | 10～28 | 10～28 | 10～29 |
| | 最大色散 | ps/nm | 100 | 250 | 1 900 | 3 200 |
| | 光缆在 S 点的最小回波损耗（含任何活接头） | dB | NA | NA | 20 | 20 |
| | SR 点间最大离散反射系数 | dB | NA | NA | -25 | -25 |
| 接收机在 R 点特性 | 接收机类型 | | In Ga As PIN | In Ga As PIN | In Ga As PIN | In Ga As PIN |
| | 最差灵敏度（BER≤10e-10） | dBm | -28 | -34 | -34 | 34 |
| | 最小过载点 | dBm | -8 | -10 | -10 | -10 |
| | 最大光通道代价 | dB | 1 | 1 | 1 | 1 |
| | 接收机在 R 点最大反射系统 | dB | -14 | -14 | -25 | -25 |

**表 3　STM-4 光接口技术指标**

| 项目 | 单位 | 数值 | | |
|---|---|---|---|---|
| 标称比特速率 | kbit/s | 622 080 | | |
| 应用分类代码 | | S-4.1 | L-4.2 | L-4.2 |
| 工作波长范围 | nm | 1 274～1 356 | 1 280～1 335 | 1 480～1 580 |

（续上表）

<table>
<tr><td colspan="2">项目</td><td>单位</td><td colspan="3">数值</td></tr>
<tr><td colspan="2">光源类型</td><td></td><td>MLM</td><td>SLM</td><td>SLM</td></tr>
<tr><td rowspan="6">发送机在 S 点特性</td><td>最大（rms）谱宽</td><td>nm</td><td>2. 5</td><td></td><td></td></tr>
<tr><td>最大 -20dB 谱宽</td><td>nm</td><td></td><td>1</td><td>1</td></tr>
<tr><td>最小边模抑制比</td><td>dB</td><td>—</td><td>30</td><td>30</td></tr>
<tr><td>最大平均发送功率</td><td>dBm</td><td>-8</td><td>2</td><td>2</td></tr>
<tr><td>最小平均发送功率</td><td>dBm</td><td>-15</td><td>-3</td><td>-3</td></tr>
<tr><td>最小消光比</td><td>dB</td><td>8．2</td><td>10</td><td>10</td></tr>
<tr><td rowspan="4">SR 点光通道特性</td><td>衰减范围</td><td>dBm</td><td>0 ~ 12</td><td>10 ~ 24</td><td>10 ~ 24</td></tr>
<tr><td>最大色散</td><td>ps/nm</td><td>84</td><td>250</td><td>1 900</td></tr>
<tr><td>光缆在 S 点的最小回波损耗（含任何活接头）</td><td>dB</td><td>14</td><td>20</td><td>24</td></tr>
<tr><td>SR 点间最大离散反射系数</td><td>dB</td><td>-20</td><td>-25</td><td>-27</td></tr>
<tr><td rowspan="5">接收机在 R 点特性</td><td>接收机类型</td><td></td><td>In Ga As PIN</td><td>In Ga As PIN</td><td>In Ga As PIN</td></tr>
<tr><td>最差灵敏度（BER≤10e -10）</td><td>dBm</td><td>-28</td><td>-28</td><td>-28</td></tr>
<tr><td>最小过载点</td><td>dBm</td><td>-8</td><td>-8</td><td>-8</td></tr>
<tr><td>最大光通道代价</td><td>dB</td><td>1</td><td>1</td><td>1</td></tr>
<tr><td>接收机在 R 点最大反射系统</td><td>dB</td><td>-20</td><td>-20</td><td>-27</td></tr>
</table>

**表 4 STM－16 光接口技术指标**

| 项目 | | 单位 | 数值 | | | | |
|---|---|---|---|---|---|---|---|
| 标称比特速率 | | kbit/s | 2 488 320 | | | | |
| 应用分类代码 | | | S－16. 1 | L－16. 1 | L－16. 2 | L－16. 2JE1 | L－16. 2JE2 |
| 工作波长范围 | | nm | 1 270～1 360 | 1 280～1 335 | 1 500～1 580 | 1 550～1 560 | 1 550～1 560 |
| 光源类型 | | | SLM | SLM | SLM | SLM－ILM | SLM－ILM |
| 发送机在 S 点特性 | 最大（rms）谱宽 | nm | — | — | — | — | — |
| | 最大－20dB 谱宽 | nm | 1 | 1 | 1 | 0. 2 | 0. 2 |
| | 最小边模抑制比 | dB | 30 | 30 | 30 | 30 | 30 |
| | 最大平均发送功率 | dBm | 0 | 2 | 2 | 2 | 2 |
| | 最小平均发送功率 | dBm | －5 | －2 | －2 | －3 | －3 |
| | 最小消光比 | dB | 8. 2 | 8. 2 | 8. 2 | 8. 2 | 8. 2 |
| SR 点光通道特性 | 衰减范围 | dBm | 0～12 | 10～24 | 10～24 | * | * * |
| | 最大色散 | ps/nm | 100 | 250 | 1 600 | 3 200 | 4 000 |
| | 光缆在 S 点的最小回波损耗（含任何活接头） | dB | 24 | 24 | 24 | 24 | 24 |
| | SR 点间最大离散反射系数 | dB | －27 | －27 | －27 | －27 | －27 |
| 接收机在 R 点特性 | 最差灵敏度（BER≤10e－10） | dBm | －18 | －27 | －28 | －29 | * * |
| | 最小过载点 | dBm | 0 | －8 | －8 | －9 | －9 |
| | 最大光通道代价 | dB | 1 | 1 | 2 | 1 | 1 |
| | 接收机在 R 点最大反射系统 | dB | －27 | －27 | －27 | －27 | －27 |

**表 5　STM－64 光接口技术指标**

| 项目 | | 单位 | 数值 | |
|---|---|---|---|---|
| 标称比特速率 | | kbit/s | 9 953 280 | |
| 应用分类代码 | | | S－64. 2 | L－64. 2 |
| 工作波长范围 | | nm | 1 530～1 565 | 1 530～1 560 |
| 光源类型 | | | EA－ILM | EA－ILM |
| 发送机在 MPI－S 点特性 | 最大平均发送功率 | dBm | 2 | 12 |
| | 最小平均发送功率 | dBm | －1 | 10 |
| | 最大－20dB 谱宽 | nm | * | * |
| | 啁啾系数 | rad | * | * |
| | 最大谱功率密度 | mW/MHz | * | * |
| | 最小边模抑制比 | dB | 35 | * |
| | 最小消光比 | dB | 8. 2 | 8. 2 |
| | 眼图模板 | | G. 691 | G. 691 |
| MPI－S 与 MPI－R 点间光通道特性 | 衰减范围 | dBm | 3～11 | 13～22 |
| | 最大色散 | ps/nm | 800 | 1 600 |
| | 最小色散 | ps/nm | NA | NA |
| | 无源色散补偿范围 | ps/nm | NA | NA |
| | 平均差分群时延 DGD | ps | 10 | 10 |
| | 最大差分群时延 DGD | ps | 30 | 30 |
| | 光缆在 S 点的最小回波损耗（含任何活接头） | dB | 24 | 24 |
| | SR 点间最大离散反射系数 | dB | －27 | －27 |
| 接收机在 R 点特性 | 接收机类型 | | PIN | PIN |
| | 最差灵敏度（BER ≤10e－12） | dBm | －14 | －14 |
| | 最小过载点 | dBm | －1 | －1 |
| | 最大光通道代价 | dB | 2 | 2 |
| | 接收机在 R 点最大反射系统 | dB | －27 | －27 |

**表 6　千兆以太网接口（1 000 Base - SX）技术指标**

<table>
<tr><td colspan="5">使用范围</td></tr>
<tr><td>光纤类型</td><td colspan="3">模宽 850nm（最小满负荷发送）<br>（MHz. km）</td><td>最小范围<br>（m）</td></tr>
<tr><td>62. 5μm MMF</td><td colspan="3">160</td><td>2 ~ 220</td></tr>
<tr><td>62. 5μm MMF</td><td colspan="3">200</td><td>2 ~ 275</td></tr>
<tr><td>50μm MMF</td><td colspan="3">400</td><td>2 ~ 500</td></tr>
<tr><td>50μm MMF</td><td colspan="3">500</td><td>2 ~ 550</td></tr>
<tr><td colspan="5">发送特性</td></tr>
<tr><td>项目</td><td>单位</td><td>62. 5μm MMF</td><td colspan="2">50μm MMF</td></tr>
<tr><td>波长（范围）</td><td>nm</td><td colspan="3">770 ~ 860</td></tr>
<tr><td>平均发送光功率（最大值）</td><td>dBm</td><td colspan="3">（见注 1）</td></tr>
<tr><td>平均发送光功率（最小值）</td><td>dBm</td><td colspan="3">- 9. 5</td></tr>
<tr><td>发光器关断时平均发送光功率（最大值）</td><td>dBm</td><td colspan="3">- 30</td></tr>
<tr><td>消光比（最小值）</td><td>dB</td><td colspan="3">9</td></tr>
<tr><td colspan="5">接收特性</td></tr>
<tr><td>项目</td><td>单位</td><td>62. 5μm MMF</td><td colspan="2">50μm MMF</td></tr>
<tr><td>波长（范围）</td><td>nm</td><td colspan="3">770 ~ 860</td></tr>
<tr><td>平均接收光功率（最大值）</td><td>dBm</td><td colspan="3">0</td></tr>
<tr><td>收信灵敏度</td><td>dBm</td><td colspan="3">- 17</td></tr>
<tr><td>回损（最小值）</td><td>dB</td><td colspan="3">12</td></tr>
<tr><td>加强收信灵敏度</td><td>dBm</td><td>- 12. 5</td><td colspan="2">- 13. 5</td></tr>
</table>

注：最大平均发送光功率应取平均接收功率（最大值）与 IEEE803. 2 规定的 I 类安全限中的最小值。

**表 7　千兆以太网接口（1 000 Base－LX）技术指标**

<table>
<tr><td colspan="5">使用范围</td></tr>
<tr><td>光纤类型</td><td colspan="3">模宽 1 300nm（最小满负荷发送）<br>（MHz. km）</td><td>最小范围<br>（m）</td></tr>
<tr><td>62. 5μm MMF</td><td colspan="3">500</td><td>2～550</td></tr>
<tr><td>50μm MMF</td><td colspan="3">400</td><td>2～550</td></tr>
<tr><td>50μm MMF</td><td colspan="3">500</td><td>2～550</td></tr>
<tr><td>10μm MMF</td><td colspan="3">N/A</td><td>2～5 000</td></tr>
<tr><td colspan="5">发送特性</td></tr>
<tr><td>项目</td><td>单位</td><td>62. 5μm MMF</td><td>50μm MMF</td><td>10μm MMF</td></tr>
<tr><td>波长（范围）</td><td>nm</td><td colspan="3">1 270～1 355</td></tr>
<tr><td>平均发送光功率（最大值）</td><td>dBm</td><td colspan="3">－3</td></tr>
<tr><td>平均发送光功率（最小值）</td><td>dBm</td><td>－11. 5</td><td>－11. 5</td><td>－11</td></tr>
<tr><td>发光器关断时平均发送光功率（最大值）</td><td>dBm</td><td colspan="3">－30</td></tr>
<tr><td>消光比（最小值）</td><td>dB</td><td colspan="3">9</td></tr>
<tr><td colspan="5">接收特性</td></tr>
<tr><td>项目</td><td>单位</td><td>62. 5μm MMF</td><td>50μm MMF</td><td>10μm MMF</td></tr>
<tr><td>波长（范围）</td><td>nm</td><td colspan="3">1 270～1 355</td></tr>
<tr><td>平均接收光功率（最大值）</td><td>dBm</td><td colspan="3">－3</td></tr>
<tr><td>收信灵敏度</td><td>dBm</td><td colspan="3">－19</td></tr>
<tr><td>回损（最小值）</td><td>dB</td><td colspan="3">12</td></tr>
<tr><td>加强收信灵敏度</td><td>dBm</td><td colspan="3">－14. 4</td></tr>
</table>

# 附录B 检验检查报告

**表1 设备开箱检验报告**

<table>
<tr><td colspan="7">工程名称：</td><td colspan="5">设备厂家：</td></tr>
<tr><td colspan="7">设备名称：</td><td colspan="5">设备型号：</td></tr>
<tr><td rowspan="3">序号</td><td rowspan="3">站名</td><td rowspan="3">检验包装箱总数量</td><td rowspan="3">有问题包装箱数量</td><td colspan="7">有问题包装箱详情</td><td rowspan="3">备注</td></tr>
<tr><td rowspan="2">包装箱编号</td><td rowspan="2">外观破损</td><td rowspan="2">外观受潮</td><td colspan="2">缺少部件</td><td colspan="2">损坏部分</td></tr>
<tr><td>名称及编号</td><td>数量</td><td>名称及编号</td><td>数量</td></tr>
<tr><td></td><td></td><td></td><td></td><td></td><td></td><td></td><td></td><td></td><td></td><td></td><td></td></tr>
<tr><td></td><td></td><td></td><td></td><td></td><td></td><td></td><td></td><td></td><td></td><td></td><td></td></tr>
<tr><td></td><td></td><td></td><td></td><td></td><td></td><td></td><td></td><td></td><td></td><td></td><td></td></tr>
<tr><td></td><td></td><td></td><td></td><td></td><td></td><td></td><td></td><td></td><td></td><td></td><td></td></tr>
<tr><td colspan="4">监理单位代表：</td><td colspan="4">施工单位代表：</td><td colspan="4">供货方代表：</td></tr>
</table>

年 月 日

**表 2　机架安装质量检查报告**

| 工程名称： | | | 通信站名称： | |
|---|---|---|---|---|
| 设备名称： | | | 设备型号： | |
| 设备编号： | | | 设备厂家： | |
| 序号 | 检验项目 | 检验标准 | 检验方式 | 检验结果 |
| 1 | 机架安装位置 | 符合施工设计 | 现场观察、测量 | |
| 2 | 机架安装倾斜度 | <1.5‰架高 | | |
| 3 | 机架排列间隙 | ≤3mm | | |
| 4 | 机架全列偏差度 | ≤10mm | | |
| 5 | 机架安装固定方式 | 符合施工设计 | | |
| 6 | 机架防震措施 | 符合施工设计 | | |
| 7 | 缆线槽道（或走线架）安装 | 符合施工设计 | | |
| 8 | 子架（或模块）安装位置 | 符合设备安装规范 | | |
| 9 | 子架（或模块）安装质量 | 符合设备安装规范 | | |
| 10 | 机架外连电源线型号规格 | 符合施工设计 | | |
| 11 | 机架外连电源线颜色 | 正负极性分开 | | |
| 12 | 机架外连电源线完整性 | 整根布放、中间不开断 | | |
| 13 | 机架外连接地线颜色 | 区别于电源线、信号线 | | |
| 14 | 外连地线规格、连接方式 | 符合施工设计 | | |
| 15 | 各种缆线焊接质量 | 牢固、圆润 | | |
| 16 | 同种缆线预留长度 | 一致 | | |
| 17 | 光缆尾纤弯曲半径 | >40mm | | |
| 18 | 缆线布放、排列、捆扎 | 电源线与信号线分开布放、排列平直、捆扎均匀、无扭绞 | | |
| 19 | 2M 接线端子配置数量 | 依据 2M 接口板容量满配 | | |
| 20 | 机架及缆线的各种标识 | 清晰、准确、固定、牢靠 | | |
| 21 | 机房外缆线接入音频配线架 | 需采取过流过压保护措施 | | |
| 监理单位代表： | | 施工单位代表： | 供货方代表： | |
| 注：设备名称栏可填写数字配线架、音频配线架、SDH 设备、PCM 设备、WDM 设备、开关电源等。 | | | | |

年　　月　　日

**表 3　供电电源、SDH 设备告警及保护倒换检验报告**

<table>
<tr><td colspan="3">工程名称：</td><td colspan="2">通信站名称：</td></tr>
<tr><td colspan="3">设备厂家：</td><td colspan="2">设备名称：</td></tr>
<tr><td colspan="5">设备型号：</td></tr>
<tr><td colspan="3">测试人：</td><td colspan="2">记录人：</td></tr>
<tr><td>序号</td><td colspan="2">检查项目</td><td>检验方法</td><td>检验结果</td></tr>
<tr><td rowspan="2">1</td><td rowspan="2">直流供电</td><td>A 路电源电压（V）</td><td rowspan="2">现场测量</td><td rowspan="2"></td></tr>
<tr><td>B 路电源电压（V）</td></tr>
<tr><td rowspan="9">2</td><td rowspan="9">告警功能</td><td>电源故障</td><td rowspan="9">检验厂验记录</td><td rowspan="9"></td></tr>
<tr><td>机盘失效</td></tr>
<tr><td>机盘缺少</td></tr>
<tr><td>参考时钟失效</td></tr>
<tr><td>信号丢失（LOS）</td></tr>
<tr><td>帧丢失（LOF）</td></tr>
<tr><td>指针丢失（LOP）</td></tr>
<tr><td>误码门限</td></tr>
<tr><td>激光器自动关闭</td></tr>
<tr><td rowspan="3">3</td><td rowspan="3">保护倒换</td><td>电源板保护倒换</td><td rowspan="3">现场检查</td><td rowspan="3"></td></tr>
<tr><td>时钟板保护倒换</td></tr>
<tr><td>DXC 板保护倒换</td></tr>
<tr><td colspan="2">监理单位代表：</td><td colspan="2">施工单位代表：</td><td>供货方代表：</td></tr>
</table>

年　　月　　日

**表 4　SDH 设备光接口测试报告**

| 工程名称： | | | 通信站名称： | | | 设备名称： | | |
|---|---|---|---|---|---|---|---|---|
| 设备型号： | | | 设备厂家： | | | 测试人： | | |
| 序号 | 光口代码 | 光板编号 | 槽位 | 用途 | 对端站名 | 测试项目 | 标准值 | 实测值 |
| 1 | | | | 群路主用 | | 平均发送光功率 dBm | | |
| | | | | | | 收信灵敏度 dBm | | |
| | | | | | | 过载光功率 dBm（选测） | （设计值） | |
| | | | | | | 平均发送光功率 dBm | | |
| 2 | | | | 群路备用 | | 平均发送光功率 dBm | | |
| | | | | | | 收信灵敏度 dBm | | |
| | | | | | | 过载光功率 dBm（选测） | （设计值） | |
| | | | | | | 平均发送光功率 dBm | | |
| 3 | | | | 群路主用 | | 平均发送光功率 dBm | | |
| | | | | | | 收信灵敏度 dBm | | |
| | | | | | | 过载光功率 dBm（选测） | （设计值） | |
| | | | | | | 平均发送光功率 dBm | | |
| 4 | | | | 群路备用 | | 平均发送光功率 dBm | | |
| | | | | | | 收信灵敏度 dBm | | |
| | | | | | | 过载光功率 dBm（选测） | （设计值） | |
| | | | | | | 平均发送光功率 dBm | | |
| 5 | | | | 支路 1 | | 平均发送光功率 dBm | | |
| | | | | | | 收信灵敏度 dBm | | |
| 6 | | | | 支路 2 | | 平均发送光功率 dBm | | |
| | | | | | | 收信灵敏度 dBm | | |
| 7 | | | | 支路 3 | | 平均发送光功率 dBm | | |
| | | | | | | 收信灵敏度 dBm | | |
| 8 | | | | 支路 4 | | 平均发送光功率 dBm | | |
| | | | | | | 收信灵敏度 dBm | | |
| 9 | | | | 支路 5 | | 平均发送光功率 dBm | | |
| | | | | | | 收信灵敏度 dBm | | |
| 10 | | | | 支路 6 | | 平均发送光功率 dBm | | |
| | | | | | | 收信灵敏度 dBm | | |
| 监理单位代表： | | | | | 施工单位代表： | | 供货方代表： | |

年　　月　　日

表5　SDH设备电接口检验报告

<table>
<tr><td colspan="5">工程名称：</td><td colspan="3">通信站名称：</td></tr>
<tr><td colspan="5">设备名称：</td><td colspan="3">设备厂家：</td></tr>
<tr><td colspan="8">设备型号：</td></tr>
<tr><td colspan="5">测试人：</td><td colspan="3">记录人：</td></tr>
<tr><td>速率</td><td>序号</td><td>接口板编号</td><td>槽位</td><td>测试项目</td><td>检验方法</td><td>标准</td><td>检验结果</td></tr>
<tr><td rowspan="15">155M</td><td rowspan="5">1</td><td></td><td></td><td>输入口允许衰减 dB</td><td rowspan="4">检查出厂记录</td><td>0～12. 7</td><td></td></tr>
<tr><td></td><td></td><td>输出信号比特率及容差</td><td>±20×10<sup>-6</sup></td><td></td></tr>
<tr><td></td><td></td><td>输入口反射衰减 dB</td><td>≥15</td><td></td></tr>
<tr><td></td><td></td><td>STM－1e 输出信号眼图</td><td></td><td></td></tr>
<tr><td></td><td></td><td>输入信号允许频偏</td><td>现场测试</td><td>±20×10<sup>-6</sup></td><td></td></tr>
<tr><td rowspan="5">2</td><td></td><td></td><td>输入口允许衰减 dB</td><td rowspan="4">检查出厂记录</td><td>0～12. 7</td><td></td></tr>
<tr><td></td><td></td><td>输出信号比特率及容差</td><td>±20×10<sup>-6</sup></td><td></td></tr>
<tr><td></td><td></td><td>输入口反射衰减 dB</td><td>≥15</td><td></td></tr>
<tr><td></td><td></td><td>STM－1e 输出信号眼图</td><td></td><td></td></tr>
<tr><td></td><td></td><td>输入信号允许频偏</td><td>现场测试</td><td>±20×10<sup>-6</sup></td><td></td></tr>
<tr><td rowspan="5">3</td><td></td><td></td><td>输入口允许衰减 dB</td><td rowspan="4">检查出厂记录</td><td>0～12. 7</td><td></td></tr>
<tr><td></td><td></td><td>输出信号比特率及容差</td><td>±20×10<sup>-6</sup></td><td></td></tr>
<tr><td></td><td></td><td>输入口反射衰减 dB</td><td>≥15</td><td></td></tr>
<tr><td></td><td></td><td>STM－1e 输出信号眼图</td><td></td><td></td></tr>
<tr><td></td><td></td><td>输入信号允许频偏</td><td>现场测试</td><td>±20×10<sup>-6</sup></td><td></td></tr>
<tr><td rowspan="15">2M</td><td rowspan="5">1</td><td></td><td></td><td>输入口允许衰减 dB</td><td rowspan="4">检查出厂记录</td><td>0～6</td><td></td></tr>
<tr><td></td><td></td><td>输出信号比特率及容差</td><td>±50×10<sup>-6</sup></td><td></td></tr>
<tr><td></td><td></td><td>输入口反射衰减 dB</td><td>≥18</td><td></td></tr>
<tr><td></td><td></td><td>STM－1e 输出信号眼图</td><td></td><td></td></tr>
<tr><td></td><td></td><td>输入信号允许频偏</td><td>现场测试</td><td>±50×10<sup>-6</sup></td><td></td></tr>
<tr><td rowspan="5">2</td><td></td><td></td><td>输入口允许衰减 dB</td><td rowspan="4">检查出厂记录</td><td>0～6</td><td></td></tr>
<tr><td></td><td></td><td>输出信号比特率及容差</td><td>±50×10<sup>-6</sup></td><td></td></tr>
<tr><td></td><td></td><td>输入口反射衰减 dB</td><td>≥18</td><td></td></tr>
<tr><td></td><td></td><td>STM－1e 输出信号眼图</td><td></td><td></td></tr>
<tr><td></td><td></td><td>输入信号允许频偏</td><td>现场测试</td><td>±50×10<sup>-6</sup></td><td></td></tr>
<tr><td rowspan="5">3</td><td></td><td></td><td>输入口允许衰减 dB</td><td rowspan="4">检查出厂记录</td><td>0～6</td><td></td></tr>
<tr><td></td><td></td><td>输出信号比特率及容差</td><td>±50×10<sup>-6</sup></td><td></td></tr>
<tr><td></td><td></td><td>输入口反射衰减 dB</td><td>≥18</td><td></td></tr>
<tr><td></td><td></td><td>STM－1e 输出信号眼图</td><td></td><td></td></tr>
<tr><td></td><td></td><td>输入信号允许频偏</td><td>现场测试</td><td>±50×10<sup>-6</sup></td><td></td></tr>
<tr><td colspan="4">监理单位代表：</td><td colspan="2">施工单位代表：</td><td colspan="2">供货方代表：</td></tr>
</table>

年　　月　　日

**表 6　SDH 设备系统误码性能测试报告**

<table>
<tr><td colspan="5">工程名称：</td><td colspan="5">通信站名称：</td></tr>
<tr><td colspan="5">设备厂家：</td><td colspan="5">设备名称：</td></tr>
<tr><td colspan="10">设备型号：</td></tr>
<tr><td colspan="5">测试人：</td><td colspan="5">记录人：</td></tr>
<tr><td rowspan="2">序号</td><td rowspan="2">测试端口</td><td rowspan="2">测试位置</td><td rowspan="2">测试方式（单向/环向）</td><td rowspan="2">环回站名称</td><td rowspan="2">测试项目</td><td colspan="2">15min</td><td colspan="2">24h</td></tr>
<tr><td>指标值</td><td>测试值</td><td>指标值</td><td>测试值</td></tr>
<tr><td rowspan="4">1</td><td rowspan="4">155M</td><td rowspan="4">第__个155M</td><td rowspan="4"></td><td rowspan="4"></td><td>ESR</td><td>0</td><td rowspan="4"></td><td rowspan="4"></td><td rowspan="4"></td></tr>
<tr><td>SESR</td><td>0</td></tr>
<tr><td>BBER</td><td>0</td></tr>
<tr><td colspan="2"></td></tr>
<tr><td rowspan="4">2</td><td rowspan="4">155M</td><td rowspan="4">第__个155M</td><td rowspan="4"></td><td rowspan="4"></td><td>ESR</td><td>0</td><td rowspan="4"></td><td rowspan="4"></td><td rowspan="4"></td></tr>
<tr><td>SESR</td><td>0</td></tr>
<tr><td>BBER</td><td>0</td></tr>
<tr><td colspan="2"></td></tr>
<tr><td rowspan="4">3</td><td rowspan="4">155M</td><td rowspan="4">第__个155M</td><td rowspan="4"></td><td rowspan="4"></td><td>ESR</td><td>0</td><td rowspan="4"></td><td rowspan="4"></td><td rowspan="4"></td></tr>
<tr><td>SESR</td><td>0</td></tr>
<tr><td>BBER</td><td>0</td></tr>
<tr><td colspan="2"></td></tr>
<tr><td rowspan="4">4</td><td rowspan="4">155M</td><td rowspan="4">第__个155M</td><td rowspan="4"></td><td rowspan="4"></td><td>ESR</td><td>0</td><td rowspan="4"></td><td rowspan="4"></td><td rowspan="4"></td></tr>
<tr><td>SESR</td><td>0</td></tr>
<tr><td>BBER</td><td>0</td></tr>
<tr><td colspan="2"></td></tr>
<tr><td rowspan="4">5</td><td rowspan="4">155M</td><td rowspan="4">第__个155M</td><td rowspan="4"></td><td rowspan="4"></td><td>ESR</td><td>0</td><td rowspan="4"></td><td rowspan="4"></td><td rowspan="4"></td></tr>
<tr><td>SESR</td><td>0</td></tr>
<tr><td>BBER</td><td>0</td></tr>
<tr><td colspan="2"></td></tr>
<tr><td rowspan="4">6</td><td rowspan="4">155M</td><td rowspan="4">第__个155M</td><td rowspan="4"></td><td rowspan="4"></td><td>ESR</td><td>0</td><td rowspan="4"></td><td rowspan="4"></td><td rowspan="4"></td></tr>
<tr><td>SESR</td><td>0</td></tr>
<tr><td>BBER</td><td>0</td></tr>
<tr><td colspan="2"></td></tr>
<tr><td colspan="3">监理单位代表：</td><td colspan="3">施工单位代表：</td><td colspan="2">运行单位代表：</td><td colspan="2">供货方代表：</td></tr>
<tr><td colspan="10">注：测试端口数量需根据工程情况增减。</td></tr>
</table>

年　　月　　日

**表 7　SDH 设备以太网功能检验报告**

<table>
<tr><td colspan="5">工程名称：</td><td colspan="4">通信站名称：</td></tr>
<tr><td colspan="5">设备厂家：</td><td colspan="4">设备名称：</td></tr>
<tr><td colspan="9">设备型号：</td></tr>
<tr><td colspan="5">测试人：</td><td colspan="4">记录人：</td></tr>
<tr><td>序号</td><td>接口<br>种类</td><td>接口板<br>编号</td><td>接口板<br>槽位</td><td>对端<br>站名</td><td>检验<br>项目</td><td>验收<br>阶段</td><td>标<br>准<br>值</td><td>实<br>测<br>值</td></tr>
<tr><td rowspan="11">1</td><td rowspan="11"></td><td rowspan="11"></td><td rowspan="11"></td><td rowspan="11"></td><td>最大传送距离 m</td><td rowspan="11">随工<br>验收</td><td rowspan="11"></td><td rowspan="11"></td></tr>
<tr><td>平均发送光功率 dBm</td></tr>
<tr><td>收信灵敏度 dBm</td></tr>
<tr><td>过载光功率 dBm（选测）</td></tr>
<tr><td>最大帧长度</td></tr>
<tr><td>最小帧长度</td></tr>
<tr><td>异常帧检测</td></tr>
<tr><td>流量控制</td></tr>
<tr><td>自协商</td></tr>
<tr><td>VLAN 的 ID 范围</td></tr>
<tr><td>统计计数</td></tr>
<tr><td rowspan="7">2</td><td rowspan="7"></td><td rowspan="7"></td><td rowspan="7"></td><td rowspan="7"></td><td>吞吐量</td><td rowspan="7">阶段<br>（预）<br>验收</td><td rowspan="7"></td><td rowspan="7"></td></tr>
<tr><td>映射颗粒</td></tr>
<tr><td>带宽可配</td></tr>
<tr><td>极限带宽</td></tr>
<tr><td>过载丢包率</td></tr>
<tr><td>长期丢包率</td></tr>
<tr><td>时延</td></tr>
<tr><td colspan="5">监理单位代表：</td><td colspan="4">施工单位代表：</td></tr>
<tr><td colspan="5">运行单位代表：</td><td colspan="4">供货方代表：</td></tr>
</table>

年　　月　　日

**表 8　通信 SDH 光设备安装调试作业报告**

编号：__________

安装单位：　　　　　　　　　　　　安装部门及班组：

| 安装站点 | |
|---|---|
| 安装设备名称及型号 | |
| 安装及调试记录 | |
| 存在缺陷及问题 | |

负责人签名：____________________　　　　日期：________年______月